了凡四训 浅释

（明）袁了凡 著　净空法师 浅释

北京联合出版公司

目 录

序··1

第一训　立命之学······················1
第二训　改过之法······················93
第三训　积善之方······················160
第四训　谦德之效······················254

附录　了凡四训·························269

序

圣贤之道,唯诚与明。

圣狂之分,在乎一念,圣罔念则作狂,狂克念则作圣。

其操纵得失之象,喻如逆水行舟,不进则退,不可不勉力操持,而稍生纵任也。

须知"诚"之一字,乃圣凡同具,一如不二之真心。

"明"之一字,乃存养省察,从凡至圣之达道。

然在凡夫地,日用之间,万境交集,一不觉察,难免种种违理情想,瞥尔而生。

此想既生,则真心遂受锢蔽。

而凡所作为,咸失其中正矣。

若不加一番切实工夫克除净尽,则愈趋愈下,莫知底极。徒具作圣之心,永沦下愚之队,可不哀哉?

然作圣不难,在自明其明德。

欲明其明德,须从格物致知下手。

倘人欲之物,不能极力格除,则本有真知,决难彻底显现。欲令真知显现,当于日用云为,常起觉照,不使一切违理情想,暂萌于心。

常使其心，虚明洞彻，如镜当台，随境映见。但照前境，不随境转，妍媸自彼，于我何干？来不预计，去不留恋。

　　若或违理情想，稍有萌动，即当严以攻治，剿除令尽。

　　如与贼军对敌，不但不使侵我封疆，尚须斩将搴旗，剿灭余党。其制军之法，必须严以自治。

　　毋怠毋荒，克己复礼，主敬存诚，其器仗须用颜子之四勿，曾子之三省，蘧伯玉之寡过知非。

　　加以战战兢兢，如临深渊，如履薄冰。与之相对，则军威远振，贼党寒心，惧罹灭种之极戮，冀沾安抚之洪恩，从兹相率投降，归须至化，尽革先心，聿修厥德。

　　将不出户，兵不血刃，举寇仇皆为赤子，即叛逆悉作良民。上行下效，率土清宁，不动干戈，坐致太平矣。

　　如上所说，则由格物而致知，由致知而克明明德，诚明一致，即凡成圣矣。

　　其或根器陋劣，未能收效，当效赵阅道，日之所为，夜必焚香告帝。不敢告者，即不敢为。

　　袁了凡诸恶莫作，众善奉行，令自我立，福自我求，俾造物不能独擅其权。

　　受持功过格。凡举心动念，及所言所行，善恶纤悉皆记，以期善日增而恶日减。

　　初则善恶参杂，久则唯善无恶。故能转无福为有福，转不寿为长寿，转无子孙为多子孙，现生优入圣贤之域，报尽高登极乐之乡。

行为世则，言为世法。彼既丈夫我亦尔，何可自轻而退屈。或问：格物乃穷尽天下事物之理，致知乃推极吾之知识，必使一一晓了也，何得以人欲为物，真知为知，克治显现为格致乎？答曰：诚与明德，皆约自心之本体而言。名虽有二，体本唯一也。

知与意心，兼约自心之体用而言，实则即三而一也。

格致诚正明五者，皆约闲邪存诚、返妄归真而言。

其检点省察造诣工夫，明为总纲，格致诚正，乃别目耳。修身，正心，诚意，致知，皆所以明明德也。

倘自心本有之真知，为物欲所蔽，则意不诚而心不正矣。若能格而除之，则是慧风扫荡障云尽，心月孤圆朗中天矣。此圣人示人从泛至切，从疏至亲之决定次序也。

若穷尽天下事物之理，俾吾心知识悉皆明了，方能诚意者，则唯博览群书、遍游天下之人方能诚意正心，以明其明德。未能博览阅历者，纵有纯厚天资，于诚意正心，皆无其分，况其下焉者哉，有是理乎？

然不深穷理之士与无知无识之人，若闻理性，多皆高推圣境，自处凡愚，不肯奋发勉励，遵循从事。

若告以过去、现在、未来三世因果，或善或恶，各有其报，则必畏恶果而断恶因，修善因而冀善果。善恶不出身口意三。既知因果，自可防护身口，洗心涤虑。虽在暗室屋漏之中，常如面对帝天，不敢稍萌匪鄙之心，以自干罪戾而已。此大觉世尊，普令一切上中下根，致知诚意正心修身之大法也。

然狂者畏其拘束,谓为着相,愚者防己愧作,谓为渺茫。除此二种人,有谁不信受?

故梦东云:"善谈心性者,必不弃离于因果。而深信因果者,终必大明夫心性。"此理势所必然也。

须知从凡夫地,乃至圆证佛果,悉不出因果之外。有不信因果者,皆自弃其善因善果,而常造恶因,常受恶果,经尘点劫,轮转恶道,末由出离之流也。哀哉!

圣贤千言万语,无非欲人返省克念,俾吾心本具之明德,不致埋没,亲得受用耳。

但人由不知因果,每每肆意纵情,纵毕生读之,亦止学其词章,不以希圣希贤为事,因兹当面错过。

袁了凡先生训子四篇,文理俱畅,豁人心目,读之自有欣欣向荣、亟欲取法之势,洵淑世良谟也。

永嘉周群铮居士,发愿流通,祈予为序。

印光大师

第一训　立命之学

题解

　　《了凡四训》所讲的第一训，就是"立命之学"。这是世间每个人都非常关注、需要的课题。这个世界上的人，有富贵、贫贱、长寿、短命之分，一般都认为这是命里注定的。这种看法不能说他完全错。因为一个人若是前世做好人好事，这一世可能是一个富贵、长寿的人；若是前世做坏事，这一世可能是贫贱、短命。这是一般人的看法，可是还有另一种情况，就是命运是可以改变的。若一个人本来命里注定富贵、长寿，但他做了极大的恶事，等不到下一世去受报应，就在这一世变成了贫贱、短命的人。也有一种人，本来命里注定贫贱、短命，因为他做了极大的善事，不必等到下一世来享福，就在这一世变成了富贵、长寿的人了。这种事自古以来，中外历史上的事例很多。所以虽然说今世所受的都是前世所作，命里早就注定，但是也不一定会被命运束缚，还要靠自己现在去创造。

　　这一篇"安身立命之学"，就是了凡先生把他自己改造命运的经过，同他所看到的一些改造命运的人的种种效验，告诉他儿子。要他儿子不被这个"命"字束缚住，要竭力去做种种善事，不可以做坏事。"立"字是建立的意思，"立命"

两个字，就是"命"不能束缚我，是我创造命运，命运掌握在我手里的意思。所以"立命之学"，就是论立命的学问，讲立命的道理。若能够按照这个方法去做，就能得到一个快乐美满的人生。

　　余童年丧父，老母命弃举业学医，谓可以养生，可以济人，且习一艺以成名，尔父夙愿也。

浅释

　　这四篇文章，都是袁了凡先生对他儿子所说的话，所以文章是上对下勉励其子的语气。他自己一生命运是如何改变的，希望他的子孙也能明了此理，依此奉行。所以叫作"家庭四训"。

　　他自己叙述，从小父亲就过世，母亲叫他放弃"举业"。举业是读书求学从政，"弃举业学医"也就是放弃做官去学医。因为在中国过去的旧社会里，读书求学的目的是从政，放弃读书，就是放弃从政的行业。"学医"可以养生，自己有一技之长，将来可以凭行医谋生，所以这里的"养生"，"生"是生活。同时又可以救人，"济"就是救济别人，这是很好的行业。

　　人生选择行业是很重要的。从前教书的先生，学生接受他的教学，没有规定学费多少，而是随便供养的。家里富裕的人就多送些，贫穷的人就少送些，只要至诚恭敬地表达尊师重道的心，学费的多寡不是很重要的。医生也是如此，只要尽心尽力地为人治病，至于报酬就随各人的心意，因为他是以救人为目的。所以古老的社会里，教师和医生普遍受到人们的尊重，道理就在此。

"且习一艺以成名"，这个"艺"字就是技艺。技艺如果专精，就可以成为一代名医。"尔父夙愿也"，母亲告诉他，这是你父亲的愿望。当然，了凡先生就放下读书的念头来学医。

后余在慈云寺，遇一老者，修髯伟貌，飘飘若仙，余敬礼之。语余曰："子仕路中人也，明年即进学，何不读书？"余告以故，并叩老者姓氏里居。曰："吾姓孔，云南人也。得邵子皇极数正传，数该传汝。"余引之归。告母，母曰："善待之，试其数。"纤悉皆验。

浅释

这一段是叙述他改变命运的机缘。内容描述在慈云寺遇到一位老人，这个老人"修髯伟貌"，"髯"是胡须，从面颊两边垂下的叫"髯"，在下巴底下，嘴两边的叫"须"。这个人胡须很长，相貌庄严，个子高大，看起来不是一个凡人，所以叫"飘飘若仙"。仙风道骨，潇洒出众，没有一点俗气的样子，所以袁先生对这位老人非常敬重，因为他品貌不凡。

老人就告诉他："你是将来要从政的人。""子"是对人的尊称，"仕"是做官，"仕路"就是官场，和现在的政治界一样的意思。"明年即进学"，因为老人会看相，就叫他赶快去进学。"进学"，从前国家用人，都要经由考试来选拔人才，如果考上了秀才，就会被派到县立的学校读书，所以叫作进学。并且说："你是从政之人，为何不赶快读书呢？""余告以故"，了凡就把母亲所说其先父希望他学医的原因，向老人说明，并且请教老人姓名和住所。"里居"也包括籍贯和住处。老人就告诉了凡先生，他姓孔，是云南人。

"得邵子皇极数正传"，"邵子"就是宋朝的邵康节，这是个绝顶聪明的人。《皇极数》就是《皇极经世书》，这本书也有相当的分量，收在《四库全书》里。它的内容，完全是依照《易经》的理论来推算命运，它推算命运的范围非常广泛，整个世界国家转变都有论定。朝代的兴亡、个人的吉凶，也可从数理上推断，是一种非常高深的学问。

由此可知，每一个人，甚至每一桩事皆有定数，这就是佛法里讲的因缘果报。只要你起心动念，你就有定数；只要你没有心念，那你就超越数字、数量之外了。修行人往往能超越，为什么呢？因为他入定。入了定，他的心就不起作用，没有任何念头；没有念头，就不落在数量里。由此可知，只要你有念头，就必定落在数量里。换句话说，遇到高明的人，他就能够把你的流年命运，推断得清清楚楚。

所以凡夫都有数，唯独超越三界——阿罗汉以上的圣者，才可以超越宿命。即使是三界之内、色界、无色界的天人修成了四禅八定，能不能超越数量呢？的确，他在定中，数对他是失去了作用，但是这个失掉作用只是暂时的，并不是永远失掉。为什么呢？他的定力若消失，念头又起，就又掉到数里去了，想逃没法逃出，在那边缘上,心一动就掉下来。这就是他为什么永远不能够脱离六道轮回的原因。如果定功再进一步达到九次第定,永远保持不会退转,他就超越数量了。这时他才能够脱离六道轮回,在佛法里称为圣人、阿罗汉。我们懂得了这个原理,知道这个世界一切都是有定数的;既然有定数,我们就要用平常心来看这个世界,看到好的顺境不必欢喜,看到不好的逆境也不要悲伤。为什么呢?一切都是注定的。

孔先生精通《皇极经》,是邵康节的传人,这也是代代相传,都是有师承,一代传一代。他看到袁了凡,就把他看得很清楚,而且告诉他"数该传汝":你跟我有缘分,我这一套学问应该传给你。可以说孔先生找到了传人。

"余引之归",了凡先生就请他到家里去坐坐。了凡很孝顺,告诉他的母亲。他母亲教他好好接待孔先生,而且告诉他要算算命,试试看灵不灵。这是处世待人的良好态度,礼貌很周到。你所讲的到底是真的还是假的,我们要经过试验才行,绝对不是贸然就接受。这一试是真的,大小事情他推算都非常灵验,这样他的信心就产生了,对孔先生的建议也相信了。

余遂起读书之念。

浅释

就是说,进学念书的念头就产生了。

谋之表兄沈称，言："郁海谷先生，在沈友夫家开馆，我送汝寄学甚便。"余遂礼郁为师。

浅释

这是说生起读书进学的念头，往从政的道路做预备功夫。以前读书并不像现在有很多学校，清朝之前都是私塾教学，没有学校。国家只有大学，没有中学，必须在私塾里念得很好，才有机会考入大学，那时称为太学，明、清都叫国子监，相当于现代的大学，是国家办的。私塾是私人办的小规模学校，老师只有一个，学生通常只有二三十人。

正好他的表兄有一个朋友叫郁海谷，在沈友夫家里开馆。沈友夫大概是地方上相当富有的一户人家，因为家里很有钱，有几间空房子，一间做教室，请老师教自己的子弟，亲戚朋友的子弟也可以到这里来上学。郁海谷先生此时正好在沈友夫家里开馆教学，他就拜郁海谷为老师，进学读书。

孔为余起数。

浅释

孔先生给他算命。

县考童生，当十四名，府考七十一名，提学考第九名。明年赴考，三处名数皆合。

浅释

孔先生算他的流年命运，告诉他，明年去考童生（秀才），要经过好几次的考试。先要经过"县考"，了凡先生应考中第十四名。县上面有府，府上面有省，这是明、清两代的制度。一个府大概管七八个县，主管称为知府，是在县之上、省之下。民国时府被废除了，改成行政专员。他"府考"第七十一名，"提学考"第九名。"提学"相当于我们现在的省政府教育厅长，管一个省的教育。所以地方上考试能考多少名、考得取考不取，命里都注定了。到第二年去参加考试，果然没有错，都符合。

复为卜终身休咎，言某年考第几名，某年当补廪，某年当贡，贡后某年当选四川一大尹，在任三年半，即宜告归，五十三岁八月十四日丑时，当终于正寝，惜无子。余备录而谨记之。

浅释

我们看这段文字，不是只看袁了凡先生，也是看自己。哪一年、哪一月、哪一日、哪一个时辰生死都已注定了，怎么个死法也注定了，一生全都是命里注定的，你怎么胡思乱想都逃不过定命。这是千真万确的事实，谁都没法子逃过。

因为孔先生给他算得这么灵，所以就请他算终身的命运。"终身休咎"就是一生的吉凶。孔先生把他的流年排到死，什么时辰死亡，都为他排定了。历年的考试，能考取多少名，都给他注出来。

"某年当补廪"，"廪"是廪生，"补"是补缺，相当于现代所讲的公费学生。虽然是学生，但是领国家的津贴，每个月生活费由公家补贴。每一个县都有一定的名额，必须有缺了，你才能够递补上去。"某年当贡"，"贡"是贡生。廪生、贡生都是明、清两代依学生的程度而设立的，不是学位，相当于我们现代的中学生、大学生，但是受到国家照顾，由国家发给生活费用。从前生活费用是发米，而米多得吃不完的可以卖钱，相当于实物配给。现代则用货币来代替食物，方便多了。至于秀才、举人、进士，相当于我们现代的学位，好比是学士、硕士、博士。进士相当于博士，是最高的学位。贡后某一年他去做官了。"四川一大尹"，"大尹"相当于现代的县长，还有二尹、三尹。二尹相当于现代的主任秘书，三尹相当于现代所讲的科长。"在任三年半"，做三年半的县长，就得要辞职。为什么呢？寿命到了。五十三岁，寿命也不是很长。"五十三岁八月十四日丑时"，就寿终正寝。"惜无子"，可惜命里没有儿子。了凡先生把这些事情恭恭敬敬地记下来，给自己做一个参考。

自此以后，凡遇考校，其名数先后，皆不出孔公所悬定者。

浅释

往后每次考试，都完全跟孔先生算的名次相符合，一点儿差错也没有。孔先生的确很高明，算得很灵。

独算余食廪米。

浅释

"廪米"，这是廪生所得的俸米。

九十一石五斗当出贡。

浅释

一石是十斗。他说每个月领俸禄，你自己记住，等你领米领到"九十一石五斗"，你就"出贡"了，就升级了，你就从廪生升到贡生了。升到贡生，廪米就不给了，廪生的缺就让别人来补。这有一定的名额。

及食米七十余石，屠宗师即批准补贡。

浅释

"屠宗师"就是当时的提学，相当于现代的教育厅长。他看袁先生的学问、品德还不错，建议要提拔他。出贡就是批准了"补贡"，从廪生补贡生的缺，也就是升级了。

余窃疑之。

浅释

这下他怀疑了,孔先生这一着没算对。

后果为署印杨公所驳,直至丁卯年,殷秋溟宗师见余场中备卷,叹曰:"五策,即五篇奏议也,岂可使博洽淹贯之儒,老于窗下乎?"遂依县申文准贡,连前食米计之,实九十一石五斗也。

浅释

俸禄领到七十多石的时候,屠先生就批准他补贡了。可能屠先生批准之后,也许就升官高迁,也许调职了。"署印"是代理,教育厅长大概被调走了,现在有个代理教育厅长。这一位代理教育厅长不同意,把他驳回去,不准他补贡,他还继续去当秀才——廪生(廪生、贡生都是秀才)。一直到了丁卯年殷秋溟宗师当提学,他看到"场中备卷",这些考卷就是落第的、没有考取的卷子,还保存着。有些时候,主管的官员会把这些没有考取的卷子拿来重新看一看,希望发现遗漏的人才。如果真正是人才,他们还是要提拔的,怕的是一时差错遗漏了。

殷秋溟就看到袁了凡的考试卷。"五策"就是"五篇论文","策"即是我们今天所讲的论文。五篇论文,殷先生看了非常满意,非常的赞叹,他说这五篇论文,就像是五篇奏议。"奏议"是臣子对皇帝的建议。国家施政应兴应革，他们都可以提出意见，贡献给朝廷，由朝廷来取舍。殷先生说这五篇确实就是奏议，可见袁先生见识很高，文章写得很好。因为一般对国家兴革提出建议，都是属于大臣的事情，就是我们现在所谓的政务委员、国策顾问，不是小小的秀才做得到的。袁了凡的文章居然可与他们相提并论，可见他的确是有学问。

"岂可使博洽淹贯之儒，老于窗下乎？""博"是指见识广博，"洽"是说理非常清晰通达，"淹"是透彻，"贯"是文章无论理路还是章法结构都有条不紊。能得此四个字的评语，定是上乘的文章，无论是在思想理论、文字的结构，都属于上等。所以不能叫他终老于窗下，一生只做个秀才，应当把他选出来替国家服务。"遂依县申文准贡"，就是交代当地的县政府，要把这个人提拔起来。"连前食米计之，实九十一石五斗也。"

从此处来看，屠宗师是很了不起的人，看到袁先生的卷子马上就想提拔他，可是代理人杨先生把他驳回去了，这就是两个人的看法不一样。袁了凡是有才干的，可是从这里我们得到一个很大的启示，那就是有才还要有命。所以人的一生命运主宰了一切，命、时、因缘都有定数，这里面讲才、命、时。袁先生一定要遇到殷秋溟，他的因缘才成熟，这些我们都应当明白的。

余因此益信进退有命，迟速有时，淡然无求矣。

浅释

从此以后，袁先生真的觉悟，真的明白了。一个人一生的际遇，吉凶祸福、贫富贵贱都有命，都有时节因缘，不能强求的。命里面没有，怎么动脑筋也求不到；命里面有的，什么念头都不想，到时候自然来了。他从此以后无求、无得、无失，心地真正平静下来了。所以我读《了凡四训》，学佛以后，我们可以称袁了凡在这一阶级，是一个标准的凡夫。我们连一般的凡夫都不够标准。为什么呢？心不清净，一天到晚还胡思乱想。他的妄念没有了，对于一生的休咎，清清楚楚、明明白白。所以古德云："君子乐得为君子，小人冤枉为小人。"为什么呢？因为君子知命，知道"一饮一啄，莫非前定"；小人很冤枉，拼命地追求，不知道这是努力拼命求得的，还是命里有的。你说冤枉不冤枉呢？这是指定数，一般人都在定数里。这个时候袁了凡只知道有定数，不知道定数之外还有一个变数，命运是可以改变的。

下一段以后就是讲变数，讲立命的理论方法。要按照真正的理论方法去求，就能够改变命运，你想求什么就能够得到什么，一切都掌握在自己的手中。佛家所讲的"布施"，你想得到财富，就必须行"财布施"；想得聪明智慧，那就要行"法布施"；想长寿平安，那就要行"无畏布施"，这就是正确的创造命运的方法。按照正确的理论方法去求，都可以得到你所要得的，甚至连成佛也求得到，何况这些世间的小小福报？

贡入燕都，留京一年，终日静坐，不阅文字。

浅释

　　"燕都"就是现在的北京，也就是首都所在地，元、明、清三朝首都都在北京。"留京一年"，他出贡之后就到北京去了，在北京住了一年。"终日静坐，不阅文字"，从这个地方，可以看到他的心地多么清净。心清净了自然就生智慧，一般人智慧不能现前是心不清净。他之所以能够静得下来，就是因为他对于自己的命运完全知道，想也没用处，所以什么都不想了，这样心就定下来了。

　　己巳归，游南雍，未入监，先访云谷会禅师，于栖霞山中，对坐一室，凡三昼夜不瞑目。

浅释

　　己巳这一年，他回到南方。"游南雍"，南雍是皇帝所办的大学，就是国子监，一个在北京，一个在南京，北京称为北雍，南京称为南雍，是国家办的两所大学。"未入监"，就是未入学。在还没有入学之前，先去拜访云谷禅师。"云谷会禅师"，"会"是他的法名，云谷禅师的法名叫"法会"，这是一位很有名的禅师。了凡先生到南京栖霞山去拜见他。"对坐一室"，在禅堂里打坐。"凡三昼夜不瞑目"，三天三夜也没有倦容。为什么呢？因为没有妄想，没有杂念，故能精神饱满。云谷禅师看到他这么年轻，有这样好的功夫，很难得，不容易。

　　云谷问曰："凡人所以不得作圣者，只为妄念相缠耳。汝坐三日,不见起一妄念,何也?"

浅释

凡夫之所以不能够成为阿罗汉以上的圣人,原因在哪里呢?妄想太多了。《华严》上说:"一切众生皆有如来智慧德相,但以妄想执着而不能证得。"病根就是在妄想,"妄念相缠",不得作圣。你坐在这里三天三夜,我没有看到你起一个妄念,这是为什么呢?

余曰:"吾为孔先生算定,荣辱死生,皆有定数,即要妄想,亦无可妄想。"

浅释

了凡先生是个老实人(老实最可贵)。他说:"因为我的命被孔先生算定,一生的吉凶祸福都注定了,还有什么好想呢?想也没有用处,所以干脆就不想了。"知道五十三岁八月十四日丑时就要走了,所以生死是一定的。哪一年、哪一月、哪一天、哪一个时辰,人家都算定了,还有什么话好说?这是千真万确的事实,所以他就不打妄想了。

云谷笑曰:"我待汝是豪杰,原来只是凡夫。"

浅释

一个人能够三天三夜不起一个念头,那是很了不起的功夫。他不是功夫，而是命给人算定了。所以云谷禅师就笑着说："我还以为你是功夫不错的豪杰，原来你还只是个凡夫。"

问其故，曰："人未能无心，终为阴阳所缚，安得无数？"

浅释

　　了凡先生就向云谷禅师请教："这是什么缘故？"这就说明数的道理，人为什么会有命运？为什么会落在数量里？人如果到了无心，就超越数量了。袁了凡先生有没有到无心？没有！他只是什么都不想，因为想也没用。他还有一个妄念，就是"我什么都不想了"，有这么一个妄念，还是有心，并不是无心。他常常心里有个念头："我一生都算定了，一生都清清楚楚、明明白白。"他并没有到真正的无心。既然没有到无心，决定（必然，一定）为阴阳所缚，怎么会没有数？数就是数量，是以数学的原理来推演出过去、现在、未来。

　　甚深禅定不是一般世间人所有的。佛门里像黄檗祖师，他是在定中所见的境界。因为在禅定中，时空都突破了。时空突破了之后，过去、现在、未来自成一片，全部都看到，那是决定真实，一点都不会差错。为什么？他看到未来的事，不是他推算的，而是眼前亲见，这要相当功夫才行。所以靠数理来推论，我们世间凡夫做得到；现量境界现前，就不是世间凡夫所能做到的。在佛门至少要三果阿那含以上，他们有甚深的禅定，能够见到过去、未来，这是不会有错的。

"但惟凡人有数，极善之人，数固拘他不定；极恶之人，数亦拘他不定。汝二十年来，被他算定，不曾转动一毫，岂非是凡夫？"

浅释

　　你从遇到孔先生，被他算命算定之后，距离现在二十年了。这二十年来，你的命运一点都没有改变，完全照着他给你算定的走，这不是凡夫，是什么？你的命运里每一年、每一月没有加减乘除，这是标准的凡夫。一个大善之人，命有没有？有，但改变了；大恶之人呢？也改变了，不会照原定的样子。由此可知，他二十年来没有行善，也算没有作恶，他的命运完全照着孔先生所算定的，这叫作标准的凡夫。

　　余问曰："然则数可逃乎？"

浅释

　　了凡先生就问云谷禅师："难道命运可以改变？""逃"就是超越，那就是定数里面还有变数。孔先生给他算的是定数，变数则掌握在自己手上，这是孔先生不晓得的，也是不能推算的。

曰："命由我作，福自己求。诗书所称，实为明训。我教典中说，求富贵得富贵，求男女得男女，求长寿得长寿，夫妄语乃释迦大戒，诸佛菩萨，岂诳语欺人？"

浅释

　　这是云谷禅师教导他改造命运，也就是跟他讲定数里有变数，这是袁了凡原本不知道的。云谷禅师承不承认有定数？承认。前面讲过："人未能无心，安得无数？"世俗讲的命运，云谷禅师完全肯定、承认，确实有命运。但是命运可以改变，可以创造。所以佛家不是宿命论，佛家是创命论，由自己创造美好的前途。但是立命要靠自己，任何一个人都帮不上忙，没有人能够代替我们改造命运，决定要靠自己觉醒，靠自己改变，了凡是个读书人，所以就先用诗书里面的道理来开导他。

　　"命由我作，福自己求"，这是儒家所讲的，《诗经》《书经》中所说的。云谷禅师懂得，他说这是明明白白、的的确确的教训，这是事实。

　　再看看佛所讲，"我教典中说"，云谷禅师是佛门大德，"我教典"就是佛教经典中所讲的。"求富贵得富贵，求男女得男女"，命里没有儿子，你要求，就可能得儿子。"求长寿得长寿"，因为了凡先生短命，寿命只有五十三岁。这就是说，你求什么得什么，这是真的，一点都不假。

　　章嘉大师说过："佛氏门中有求必应。"但是章嘉大师有解释，有些人在佛门当中求，求不得，是什么原因？那是不如（依照，顺从）理、不如法。懂理论、懂方法，如理如法地求，就有求必应。如理如法地求，还是得不到时，这是自己有业障，必须把业障消除，障碍没有了，就得感应。这是章嘉大师说过的，没有求不到的。

从根本的原理来讲，世出世间法，都是"唯心所现，唯识所变"；我们一切的需求，就是求作佛也能成佛，都是根据"万法唯心"这个原理。《华严经》上说："应观法界性，一切唯心造。"所以我们"求"，基本的原理就是真如本性；方法最圆满、最恰当的就是佛陀的教诫。依据佛法的理论、教训去求，我们求不老、求不病、求不死，能不能求得到？决定求得到，都在佛门之中；云谷传给了凡的只是极小的一部分，因为了凡的志向不大，只求世间的功名、富贵，所以云谷禅师只教他这个部分。云谷禅师圆满他的愿望，他想求得功名、富贵，就告诉他求得的方法。还特别告诉他，"妄语乃释迦大戒"，戒律里有"四根本戒"，就是杀、盗、淫、妄，所以妄语是佛家的根本大戒。佛怎么会妄语？怎么会骗人？换句话说，告诉他求男女得男女，求富贵得富贵，求长寿得长寿，这是事实，决定可以得到的。以后了凡依教修行，此三者果然如愿获得。

余进曰："孟子言，求则得之，是求在我者也。道德仁义，可以力求，功名富贵，如何求得？"

浅释

这是进一步向禅师请教，说"孟子言，求则得之，是求在我者也"，《孟子》上有这么一句话。但是了凡先生他的想法，"道德仁义，可以力求"，那是我本身的事情,我希望成圣成贤,在道理上是讲得通的。"功名富贵,如何求得?"功名富贵是身外之物,也能求得到?我没有功名,能求得功名?没有富贵,能求得富贵?这似乎是命里注定的,命里没有,哪里能求得到?"命里有的求得到,命里没有的到哪里去求?"这是一般宿命论,也就是命中的一个常数。常数是前生造作的因,这一生应得果报,殊不知常数里有变数,加上变数就不一样。功名富贵我们的确可以求得到的。

云谷曰:"孟子之言不错,汝自错解了。汝不见六祖说:一切福田,不离方寸。从心而觅,感无不通。"

浅释

孟老夫子的话没错,"汝自错解了",你自己错会了意思;你并没有真正理解孟子所说的,你的解释只对了一半,另一半你不晓得。对的一半是德性上,除了德性之外,还有事相上,你也可以求得到的。你不见六祖说:"一切福田,不离方寸。从心而觅,感无不通。"这话出自《坛经》。

《六祖坛经》《金刚经》《楞严经》,这三部经典在中国,自古以来被大家公认是第一等的作品。《坛经》是中国人写的,所以对中国人来说,有一份特别亲切的感情在其中,也实在写得很好,是整个佛法的纲要。我们不能把它单单看成是禅宗的经典,它是整个佛法的纲要,也可以说是六祖大师的修学心得报告。

六祖讲"一切福田,不离方寸","方寸"就是心地。"从心而觅，感无不通"，要到哪里求呢？从心地里面去求。

"求在我，不独得道德仁义，亦得功名富贵，内外双得，是求有益于得也。"

浅释

这段教训非常重要。内求、外求都要从内心求，不要向外面求，向外面求就错了。所以佛法里讲，求什么得什么，都是从内心求，不是教我们从外面求。外面求，决定得不到。为什么？外面是常数，外面不会变；心地是个变数，不是常数。

了凡先生二十年来，心地算是清净，没有妄想。他的心是守定常数，不知变数，所以他这二十年中的命运跟孔先生算的完全一样，连考试，都不会提前一名，也不会落后一名，因为他不懂变数的原理。

云谷禅师教他这个道理——"求在我"，在自己。道德仁义是内——德行的修养；功名富贵是外——生活上的享受。内外都得，这个"求"才真正叫作"有益于得"。《华严经》里面所讲的"理事无碍，事事无碍"，那是究竟圆满的享受，内外皆得大圆满。那真是我们讲的事事如意，没有一样不称心，自在如意。如果没有这样殊胜的果报，就不会有人学佛了。

学佛不是消极，而是非常现实。现在人讲"现实"，没有比学佛更现实，这是实在的，你看就晓得了。一般讲现实，未必能得到现实；佛法里讲现实，是真正能够得到。须知佛陀教育之好，但是，实在讲，世间人对佛教误解了，错会了意思，不知道它的好处。能够真正体认了，才晓得佛陀的教学才是世出世间最圆满、最殊胜、最良好的教育，古今中外绝对找不到的，尤其是大乘佛法。

"若不反躬内省，而徒向外驰求，则求之有道，而得之有命矣。内外双失，故无益。"

浅释

　　这是指现代社会，大众所追求的，能不能求得到？求不到。纵然得到了，那是命里有的；命里没有而得到的，这才叫作"求得"。命里有的你求得，那不算求得，因为不求也得到。

　　譬如今天有人说做股票很赚钱，一年赚了几千万，这是命里有的，他得到了。命里没有的，你看多少人做股票赔钱，不是每个人都赚钱！若每个人都赚钱，股票谁赔钱？赌博赢来的钱还是命里有的，你说冤枉不冤枉？甚至于做小偷、做强盗得来的，还是命里有的。命里没有的，偷都偷不来。

　　古人明白这个道理，才说："君子乐得为君子，小人冤枉为小人。"为什么？没能逃过定命，没能逃过常数。所以人要是真正明白道理了，都会安于本分。安于本分，自己日子过得好，社会也安定，天下也太平，大家都没有争执了。

　　所以佛法教我们求命里没有的。常数里面没有的，我们能够求得到，这属于变数。怎么求呢？要向内心里面求。我们看看今天的社会，就是这一段所说的，他不能够"反躬内省"——"反省"是向内心里面求觉悟，向内心里面存养厚德。他不懂这个道理，每天动脑筋往外去求。这种求法，即使是"求之有道"，纵然你有方法、有手段、有计谋，可是怎么样呢？"得之有命"，你命里没有还是得不到，你得到的都是你命里的常数，命里有的。你说冤枉不冤枉？袁了凡懂得常数，所以他不操心，不用种种非常手段去求。他晓得有命，打什么样的妄想，用什么样的手段，命里没有，决定得不到。

"内外双失"，内是什么呢？心不清净；外面所求得不到，怎能不生烦恼？了凡居士这二十年，"内"他没有失，"外"他失掉了。因为他不想了，什么也不求了，"内"——算是保持了心地的清净、平和，但是外面一切都是命运所安排的。一般人拼命向外驰求，见识比不上袁了凡。了凡先生得到一个心安理得，而一般人向外驰求的是心不安，得到的还是命里面注定的，这是"内外双失"。"故无益"，没有利益就是损失，结果必是有损无益。这一段开示的确把世出世间的现象完全道破了，我们明白了，应该有所选择。

因问："孔公算汝终身若何？"余以实告。

浅释

云谷禅师就再问他："孔先生给你算的终身流年休咎，算得怎么样？"他就老老实实将孔先生所算的告诉他。

云谷曰："汝自揣应得科第否？"

浅释

　　云谷禅师反问他一句，这就是教他反省，找出恶痛的根源。"揣"是揣量，就是自己认真地去反省一下，应不应该得科第？

"应生子否？"

浅释

　　应不应该有儿子？你好好地反省反省，应不应该有？当然云谷禅师跟他谈话不会只有这么两句，但是这两桩事在了凡来讲是最重要的、最关切的，所以提出两条大的——他最关心的事情，其余的就不必提了。

余追省良久，曰："不应也。"

浅释

　　云谷禅师这一问，他想了很久，答复云谷禅师说："不应也。"他真正知道自己的病根，老老实实地回答："不应该。"因为他老实，善知识遇到诚实人，他一定会爱护，才会给他指出一条明路。要是自大傲慢不诚实，人家对你笑笑就完了，不会认真教诲的。下面是了凡先生反省自己的缺点，这是立命的根基和原因。

"科第中人，类有福相。余福薄，又不能积功累行，以基厚福。"

浅释

　　从政的人要有福，如果没有福，老百姓就要遭难。一个人有福，确实全国的人民都有福了。今天讲民主自由，大家都认为这是真理，是时代的潮流，任何一个人都不能够抵挡。这个潮流是好还是坏，必须再看下面的结果才能够论断。我们看看古时候的社会制度，读书明理的人没有争执，做皇帝的人有的非常开明。我们读唐太宗的《贞观政要》，太宗心胸之开明，真叫人佩服。他给别人说："做皇帝有什么好处？负这么大的责任，你想要做，我让给你做。"有这样大的心胸！他做皇帝并不是在那边享福，也不是在那边作威作福，而是替百姓做事，是替全国老百姓谋幸福，为国家选拔人才，这些人才是为社会、为人民服务的。

　　确实，从政的人都是有福相的。"余福薄"，他想想，说："我福太薄。"没福！没福又不能修福，"又不能积功累行"，不肯修福。"以基厚福"，"基"就是培植；不肯培植、不肯修福。没福不像做官的样子，不足以领导百姓、造福百姓。

"兼不耐烦剧，不能容人。"

浅释

　　这个毛病就更大了。性情急躁，就是薄福之相。前面是说一个纲领，底下再给我们仔细分析。前面是总说，后面是一桩一桩来分析。确实没福——不耐烦，性情急躁。"不能容人"，心量狭小，不能容人。不能容人当然就不能用人，不能够服人，这是一定的道理。

"时或以才智盖人，直心直行，轻言妄谈，凡此皆薄福之相也，岂宜科第哉？"

浅释

"直心直行"是当任意、纵情解释，也就是我们常讲的"使性子"。他高兴怎么做就怎么做，这也是别人所不能承受的。

"轻言妄谈"，言论不谨慎，说话随便，不负责任。

"此皆薄福之相也"，这是薄福。真正有福的人莫不浑厚老实，心胸广阔而能容人，言语动作缓慢；"缓"显得稳重。孔夫子说："不重则不威。"稳重，其威德才能服人，才能够处世。了凡先生年轻时不够稳重，自己说自己没福，不应该中科第。下一段则说他不应该有儿女，这一段反省是说明他不应该得科第之所以然。

"地之秽者多生物，水之清者常无鱼。"

浅释

俗话说，地下不干净会长东西，会生五谷杂粮；水要是太清了就没有鱼。为什么？鱼在清水里，它也知道会被人家捕去，所以它不会在清水里游。也可以说地里头很干净没有秽物，是不会生长植物的。

"余好洁，宜无子者一。"

浅释

袁了凡有洁癖。整齐、清洁是件好事情，但是太过分的清洁也是个毛病。一点儿脏东西都不能忍受的，这也不行。这是不应有子的第一个原因。

"和气能育万物，余善怒，宜无子者二。"

浅释

和气能兴家，俗话常说"和气生财"，袁了凡没有财富，与这也有关系。他并不富有，家境清寒。他喜欢发怒，常常发脾气，看不惯的，看不顺眼的，他就要发作，不能容忍。这是没福。这是"宜无子者"的第二个原因。

"爱为生生之本，忍为不育之根，余矜惜名节，常不能舍己救人，宜无子者三。"

浅释

"爱"是仁爱，能够推己及人。这些道理他晓得，但是做不到。为什么？他是个很刻薄的人，"忍"就是刻薄。换句话说,他爱惜自己的名节,不愿意帮助别人,这也是无子的一个原因。

"多言耗气,宜无子者四。"

浅释　　前面是讲存心,以下则从生理上说。他反省说了六条原因,前面三条是从心理上讲的,不应该有儿女。后面是从生理上说的,也不应该有儿女。他喜欢说话,喜欢批评人,喜欢论是非,所以说言语上常常喜欢强出头。这容易伤气,生理上受伤害。这是"宜无子者"第四个原因。

"喜饮铄精,宜无子者五。"

浅释　　不但喜欢高谈阔论,还喜欢喝酒,大概酒量也不错。饮酒过度会伤神。"精"是精神,伤精神,对身体健康有很大的妨碍。

"好彻夜长坐,而不知葆元毓神,宜无子者六。"

浅释　　他晚上不睡觉,一定是找朋友聊天,喝酒作乐,不知道保养身体。想必了凡先生的身体相当虚弱。

"其余过恶尚多，不能悉数。"

浅释

　　想想自己一身的过失、毛病，作恶太多了，数不尽。他的为人真正诚实，这叫"忏悔"，发露忏悔。自己身心上的毛病都能够对人说出来，坦诚地说出来，毫无隐瞒。佛门讲"忏除业障"，这样才能够真正把自己的业障除掉。能够发现自己种种的弊病，这叫"开悟"。觉悟之后能够把这些毛病改正过来，这叫"修行"。一般人修行，修什么行？自己有什么毛病都不知道，从哪里修起呢？"修"是修正，"行"是错误的行为；把错误的思想、行为改过来，这叫"修行"。所以修正行为第一要紧的，就是要知道自己的错误行为，才能改过自新。了凡先生很了不起，云谷禅师一追问，他认真地反省，就把自己心行的毛病一桩一桩地找出来，这是后来他能够改造命运的根本原因。

　　他凭什么能改造命运呢？我们为什么不能改造？我们对自己的毛病一无所知，从哪里改起？人家一反省，明明白白地摆在面前，就一桩一桩地把它改掉。所以内里求德行，外面求富贵、求儿女，样样都得到了。他不是从外面求的，我们看他并没有在送子观音前面烧香拜拜，求菩萨送一个儿子。他求功名、富贵也不是在诸佛菩萨面前去祷告求的。现在人拜神求神都是错了！哪里能求得到！寺庙香火鼎盛，一天到晚不知道有多少人去求富贵、求男女，得来的全是命里有的，不求也会得来。还以为是神赐给他的，神对他特别有恩惠，实在是冤枉！所以学佛的人一定要明理，如理如法地去求，就是云谷禅师所讲的"内外双得"，没有得不到的。

云谷曰："岂惟科第哉？世间享千金之产者，定是千金人物；享百金之产者，定是百金人物；应饿死者，定是饿死人物。天不过因材而笃，几曾加纤毫意思。即如生子，有百世之德者，定有百世子孙保之；有十世之德者，定有十世子孙保之；有三世二世之德者，定有三世二世子孙保之。其斩焉无后者，德至薄也。"

浅释

云谷大师这些开示非常重要，绝对不能看作迷信。如果看作迷信，实在讲不是云谷迷信，而是我们自己迷信。自己迷了，不相信圣人之言，不相信事实的真相，是自己迷惑颠倒。前面云谷禅师教袁了凡真实的反省检讨，才真正知道自己过失很多。"知过能改，善莫大焉。"世间最大的善行就是改过。

我们在《无量寿经》里也读到，佛告诉我们，纵使供养无量无边的圣人——这是大善，还不如自己回头来认真修行。认真修行就是改过自新，古圣先贤所讲的，改过是大善，中外的圣人都有共同的见解。

云谷在此就讲到"岂惟科第哉"，岂止是功名？求取功名是要靠积德，是要靠过去生中的修积，才能够得到科第。"世间享千金之产者",这是讲富贵。家财万贯,一定是富贵之人,他才能够享受富贵。富贵不是随便可以得来的,佛门里说,这一生中得大富是前生财布施修得多,这一生才能得大富。我们这一生贫困是前生没有大修财布施的果报,能不能勉强得到呢?不可能,得不到的。如果勉强去求,灾祸跟着就来了。"祸福无门,唯人自召。"我们看中国古人造字,学问都很大,"祸"跟"福"两个字很像,就差那么一点点,真是失之毫厘,差之千里。这些都是教我们要知道因果,然后求功名、求富贵,才能够如理如法,没有一样求不到的。

"千金"是说大富,"百金"是讲中富,就是讲中产阶级,必定他们前世都种了善因,所以是大富之人,或是中富之人。"应该饿死的人",是他前世作恶多端,不修布施,贪妒吝啬所致。世间有没有这样的人?有。我们也曾见过一毛不拔,一点儿好事都不愿意做的人。他劝人布施,自己却不肯布施。这样的人,我们知道,来生必得贫穷的果报。因缘果报是自作自受,绝没有个主宰在支配。如果说有个主宰在支配,这是错误的看法。

"天不过因材而笃",世间人常以为一切皆是天意安排。其实不然,里面真正的原因是自己的造作,绝对不是天意,天没有这个意思。只有大圣大贤有真实的智慧,能把这些事相和事实真理看得清清楚楚、明明白白。这一段是讲富贵贫穷都有定命,下面是讲儿女也有定命,这是世间人的两桩大事。

"即如生子,有百世之德者,定有百世子孙保之。"中国的大德——印光大师常称叹的有两个人。第一是孔老夫子,所修的是"百世之德"。孔夫子所念都是利于国家、利于百姓，没有一丝一毫为自己着想。他一生从事教学，把自己的理想抱负传给学生，是中国历史上最伟大的教育家。孔子的子孙一直到今天，已经七十多代了，孔德成先生在全世界仍受到大众的尊敬。不但是中国人，甚至外国人——像美国人，一听到他是孔老夫子的后代，特别加以礼敬，特别加以招待。种善因得善果，于此显见。

"有十世之德者，定有十世子孙保之。""十世之德"，在中国历史上，帝王将相建立一个政权能够传十几代，像清朝传了十代——从顺治到宣统。如果祖先不积德，那是不可能的！今天的人不相信这些事实，认为自己有能力、有权谋、有智慧，这些想法都错了。祖宗积德，以及本身宿世的德行，感应道交，有同样德行的人到了一家，才能够保得住。

小而言之，我们家庭的事业能够传多少代？举个例子，像台湾同仁堂。同仁堂原来是在北京，也是祖先积德，这个堂号做了一百多年——百年老店，他传多少代！老祖宗存的心仁慈，开药店是以救人为目的，利润不在乎，只要生活能够维持，店面能够维持下去就可以。不是以赚钱为目的，不是以个人享受为目的，是以利于社会、帮助苦难的众生为目的。他存这个心，所以他能够维系一百多年。如果子子孙孙不变祖先的宗旨，他的公司行号必然能够不断地延续下去。不像现在许多人开公司，开不到两三年就倒闭了，这就是德薄。

"有三世二世之德者"，能够传三世、二世，也"定有三世二世子孙保之"。"其斩焉无后者，德至薄也。"我们中国有句俗话常说："不孝有三，无后为大。"这是德很薄，以至于不能传下去。过去社会对这些事很重视，现在观念完全改变了，甚至于有许多年轻的夫妇，他们不要儿女，嫌儿女麻烦。现在社会的结构跟从前不一样了，现在有社会福利。美国或加拿大，谁养老？国家养老，不需要靠儿女养老，所以他可以不要小孩。六十五岁退休了，国家有养老金，按月送来，比儿子还孝顺。这是现代的社会福利制度比从前好。从前老人唯有儿女来抚养，现在的社会逐渐趋向于由国家、由政府来照顾。但是因果的原则是不会变更的。

养儿防老这是世俗的观点。年轻人发心出家，父母亲友总是想尽办法来阻挡，原因于在他还守着旧观念——无后为大。佛法是看三世——过去、现在、未来，看到整个宇宙，实在是认清宇宙的本来面目。我们世俗人看的只是宇宙中的一部分，看不到全体，而且只看到很小的一部分。在十法界里只看到人法界；人法界里面只看到现前，看不到过去、未来，所以眼光没有诸佛菩萨那样透彻。家里面如果有人出家，那真正是第一大喜事、第一殊胜之事。

可是出家一定要认真修行，出家修行要是没有结果，于家庭没有损害，于自身必定堕落。佛家常说："施主一粒米，大如须弥山；今生不了道，披毛戴角还。"这是很严重的问题。了道的确很不容易。修行要有一定的成就，一定要证果，至少也要往生净土，超出三界。譬如小乘一定要证得须陀洹果以上，虽没有出三界也不要紧。为什么？证得"位不退"，就算是圣人了。以后天上、人间七次往来，决定证阿罗汉果。时间虽然长，不堕三恶道，算是有成就了。

以这个标准来看，在大乘佛法里面最低限度，也要把见思烦恼断一部分——也就是八十八品见惑断掉，才算是成就。八十八品见惑没有断掉，这一生就没有成就，这是我们必须要认清楚的。八十八品见惑断掉，在大乘圆教里是初信位，小乘是初果位，不达到这个标准不算成就，还是要六道轮回。六道轮回就要还债，十方的供养你必须要一一偿还。人家不是白白地供养你，一定要偿还。如果证得小乘初果、圆教初信位，供养的人都有福了，也不要还债了，他的确种在福田上了。依此标准来看，我们这一代的出家人做不到。谁有能力可以得到？

　　做不到还有一个方法——求生净土。求生净土，一定要能往生，若不能往生还是不行。实在讲求生净土，比断八十八品见惑实在容易得多了。生西方净土，八十八品见惑一品不断都没有关系，所谓带业往生。只要具足真正的信心、真实的愿行，老实念佛，没有一个不成就的，这是我们在《无量寿经》《弥陀经》上看得清清楚楚的。所以发心出家，一定要成就的。

"汝今既知非，将向来不发科第，及不生子之相，尽情改刷。"

浅释

　　这是云谷禅师教给了凡先生改造命运的方法，对应袁了凡的习气毛病来下药——应病与药。他已经知道自己的毛病习气，所以教他要"尽情改刷"，"改"是改过，

"刷"是刷洗。"尽情改刷"是真正的修行，并不是天天念经、拜佛、念咒这些形式上的功夫——修一辈子还要搞六道三途，都叫形式。形式的目的无非是提醒自己，是表演给别人看的，引发别人觉悟，真正目的在此地。个人修行不重形式，重在发现自己的毛病，这个叫"开悟"；把自己的毛病改正过来，就叫修行的"功夫"。所以最要紧的是，自己能心平气和地来反省检点，把自己的毛病习气找出来。"寻出"就是寻找，找出自己的病痛，找出自己的过失到底在哪里，这样"便有下手处"，你才知道如何去修正，怎样去改过。"用全神全力反转来"，"神"是精神——用全副的精神、全副的力量，"反转来"，把它转过来。下面举出几个例子。

"悭贪者转之以施舍"，譬如"悭贪"，"悭"是悭吝。我们有的不肯施舍给别人，没有的希望贪得。如果有这个毛病，"转之以施舍"，用布施的方法把它改正过来。我有的别人没有，人家向我要，我很慷慨、很大方地送给别人，或者我看到别人有急需，他还没有向我要，我就主动地布施给他，这是修福。

"布施"有财布施、法布施、无畏布施这三大类。法布施是我们以智慧、技术去帮助别人，或者是教导别人。别人不会的我们会，我们就要热心地去教他，使他也有这种能力，或启发他的智慧，这叫法布施。无畏布施是帮助别人身心安稳。他心有不安、有恐惧，我们帮助他，使他身心安稳，这叫无畏布施。譬如有人害怕走夜路、怕鬼，我们有时间就送他回家，跟他做伴，他就不怕了，这也属无畏布施。

又如现在年轻的学生，都要去服兵役，服兵役也是无畏布施。为什么呢？军人保护这个地区国家百姓的安全，不受外面敌人干扰侵害，这自然是属于无畏布施，所以三类布施的范围非常广泛。佛告诉我们财布施得财富，法布施得聪明智慧，无畏布施得健康长寿。

　　放生也属于无畏布施，但是现在放生有很多流弊。因为大家拼命去放生，有些商人就拼命去捕捉鸟兽（你不放生他就不去捕捉了）。这样的心态、行为就不是无畏布施，而是戕害众生，好心也变成了造恶业。放生应该是我们到市场去买菜，看到很多活泼的动物，推想它决定可以活得下去的，就买来放生，这是慈悲救苦。我们还听说有很多鸟兽公司，卖的都是自己饲养的动物，决定没有野地谋生的能力，一旦被放生到野外，决定是死路一条，这些我们都要知道。所以应该是在菜市场偶然发现，买去放生。放生的仪式，给它念阿弥陀佛，念三归依就很好了。

　　"愤激者转之以和平"，这是讲性情。容易发脾气，容易急躁，这是大毛病。了凡患了这毛病，云谷禅师在此地劝他"转之以和平"。和气心平，心地平静，你的态度自然温和了。这在德行上也是一个重要的项目，无论是佛家、儒家都讲求。孔夫子的学生赞叹孔子的德行有五种——"温、良、恭、俭、让"。第一就是温和，这是学生们对老师的评语——老师温和；良是善良；恭是恭敬，无论对人对事，他都谨慎恭敬，谨就是谨慎；俭就是节俭、不奢侈，生活很朴实；礼让，孔夫子事事都让别人，决不会与人相争。这是夫子之美德，是做人的典范。

　　"虚夸者转之以切实"，这就是喜好夸大的毛病，为人不实在。如果知道这些事实,别人对我们说的话自然要打折扣,难以取信于人,因为我们不诚实。所以决定不能够浮夸,要诚实。

"浮嚣者转之以沉定","浮嚣"就是我们常讲心浮气躁。心浮就要以"沉定"来对治;要沉着,心要清净,要能定得下来。

"骄慢者转之以谦恭",世出世间实在没有一样值得骄傲的。有什么值得骄傲的?事情做好了,是本分的,是应该的;做不好要处分。诸佛菩萨一切恭敬,孔孟亦无不敬。我们比起诸佛菩萨差太远了!所以对人一定要谦恭有礼,要谦虚、要恭敬,谦与敬都是性德。

"惰逸者转之以勤奋",懈怠懒散,是很大的烦恼。世出世间法如有这毛病,一定不会有成就的。所以一定要精进,要努力,要把精神提起来。释迦牟尼佛在世时,阿那律陀懒散的毛病就很严重。被佛呵斥一顿之后,他真的振奋起来,七天七夜不眠不休,结果把眼睛搞坏了。佛很慈悲地教他修"乐见照明金刚三昧",以后他得了"半头天眼",不用肉眼比别人看得还清楚,他能看到三千大千世界。所以人一定要发愤,要振奋起来。懒惰,做一切事情都不能成就。不但是佛法不能成就,世间法也不能成就,一事无成。古今中外,世出世间哪一个有成就的人是懒惰的人,是散漫的人?没有!

"残忍者转之以仁慈,怯退者转之以勇进。""怯退"是退步、退转。这也是大病,必须要勇猛精进。

这些毛病都是了凡先生自己叙述出来的。前面说过,各人有各人的病痛,如果我们也像他这样改进,其他的病痛就要想一想,用方法来对治。下文是云谷禅师教他修持的几个重要纲领。

"务要积德,务要包荒,务要和爱,务要惜精神。"

浅释

"务"是务必,一定要"积德",断恶修善。"积德",世出世间法都以这个为基础。前面讲的"享千金之产""有百世之德",如果不是认真断恶修善积德,怎么能办得到?孔子受一国人尊敬,释迦牟尼佛受全世界人尊敬。一个是积世间的大德,一个是积世出世间的大德;佛是世出世间的德行都修积。

"务要包荒",是讲心量要拓开,要能够包容。不能包容,我们自己的烦恼就多,对于佛法的修学造成了障碍。我们是修"觉、正、净",如果心不得清净就不会觉悟,我们的见解也就会有偏差。正知正见、大觉大悟,一定是以清净心为基础。所以要能包容,世出世间一切法不必认真计较。《金刚经》上说得好:"一切有为法,如梦幻泡影。"一切法不是真实的。就是世间一切境界,古人也说是"过眼云烟",这种看法跟《金刚经》非常接近。有什么值得计较的?何必把它放在心上,妨碍了自己的清净心。

"务要和爱",这是了凡最大的弊病。一定要和气,一定要博爱,就是佛法讲的慈悲。佛讲的慈悲是平等的,所以叫"大慈大悲"。儒家讲仁爱,仁爱跟佛法的大慈大悲确实相当接近。孔老夫子说:"仁者无敌。""敌"就是敌对。这世间还有跟我对立的,那就不是仁爱了,仁爱是没有敌对的；没有敌对就是佛法里面讲的大慈大悲。虽然儒家讲的话不一样，其实里面的内容是相同的，这是我们应当要学习的，真正有利于自己的。

净宗讲"一心不乱"，有了对立，一心绝对得不到。有对立是二心，就是有对待。六祖大师讲"本来无一物"，有一物存在就不是真心，所用的还是妄心。心里果然清净，决定没有相对的。没有对立的，真心才能显露，清净心才能现前，净宗所讲的一心不乱，我们才能获得。

不要说真正的一心不乱，就是相似的一心不乱——功夫成片，也是从这里下手的。念佛人念了多少年，功夫成片没有得到，就要找出毛病在哪里。将病根找出来了，然后再把病根消除，障碍就没有了，功夫就可以成片了，功夫成片就决定往生。功夫到何种程度自己晓得，清清楚楚、明明白白，不必问别人。功夫成片，是凡圣同居土，事一心不乱是生方便有余土，理一心不乱是生实报庄严土。品位与功夫正好成正比。

功夫成片里面也有高下不等，所以有九品。上三品的都能自在往生，中三品的都能预知时至。上三品的自在往生，就是想什么时候往生，就什么时候往生，暂时不想走，也可以随意多住几年，一切皆能随心所欲，确实能做得到。一心不乱功夫更高了，因为事一心、理一心都不是我们凡夫一生中能达到的，但是功夫成片则人人可以做到。所以要想这一生自在往生，想什么时候去就什么时候去，一般凡夫也可以做得到。这就是凡圣同居土里的上三品往生，是功夫成片带业往生的。

"务要惜精神"，要爱惜精神。因为了凡喜欢彻夜长坐，不知道保养身体，所以对于身体精神的保养要重视。

上面大师所讲的都是针对了凡的开示。

"从前种种譬如昨日死，从后种种譬如今日生，此义理再生之身也。"

浅释

过去的事情已经过去了，不要后悔，不要再去想它，要紧的是改正现在的，修正未来的。所以"疑"跟"悔"都是烦恼，在《百法》里是属于二十六个烦恼的心所。佛不叫我们常常去想过去。尤注说："此至人造命诀也。""至人"是一个有高度智慧的人，真正觉悟的人。改造命运的秘诀，就是这一段的开示，其精要就是从"务要积德"到"义理再生之身"六句，确是改造命运的秘诀。

尤居士此节小注说得好："改造命运第一步工夫，便是痛改前非。一一积习悉皆扫除，一一病根悉皆拔去，时时处处常自警觉，严自克治。保善天真，如保赤子。改造命运全权在己，不属造化，即上文所谓极善之人，数固拘他不定是也。"

"积习"就是习气，如前面所讲的坏习惯，"悉皆扫除"。

"一一病根悉皆拔去，时时处处常自警觉，严自克治"，对待自己要严格，不要常常原谅自己；常常原谅自己，前途就有限了。律己要严，对人要宽；对人要宽厚，对自己要严厉。要克服自己的毛病，对治自己的习气。

"保善天真"，"保"是保护，"善"是纯善。什么叫"天真"？心里面一念不生就是天真。天天在打妄想，天真就失掉了。天真就是真心，真心就是清净心。

"如保赤子"，好像慈母照顾婴儿一样，要全心全力、全副精神去照顾起心动念。

"改造命运全权在己，不属造化"，改造命运之事完全在我自己，与诸佛菩萨与天地鬼神毫不相干。所以真正把这本小册子明了了，从今以后你也不要再去看相、算命、看风水，都用不着了。仔细反省一下自己的命运就知道了。怎样去改造，也晓得了，不会再受别人的欺骗了。

"即上文所谓极善之人，数固拘他不定是也。"前面云谷禅师说，什么样的人叫"极善之人"？我们净宗讲极乐世界"诸上善人"，这个"上善之人"就是"极善之人"。哪一类的人是"上善之人"呢？能够改过的人就是"上善之人"。西方极乐世界的人天天都反省、改过，一直到没有过可改了，那是成功。

等觉菩萨还有过失，什么过失？一品生相无明没断，就是他的毛病，就是他的过失，他还要改过自新。由此可知，等觉菩萨还要改过，何况我们！我们看到这里应该觉悟了，修行，修什么？就是改过。从现在起发心改过，一直到等觉菩萨还是改过，过失都没有了，就成佛了。有过失就不能成佛，所以菩萨叫"觉有情"，菩萨是有情众生，不过他能够觉悟。觉悟，就是知过能改。我们凡夫有情不觉，不觉就是不知过、不会改，认为自己样样都是对的。想想自己有没有毛病？想了半天，一个毛病都没有。所以常说凡夫没有毛病，菩萨毛病很多。菩萨常常检点，知道自己毛病很多，不断在改，三大阿僧只劫都还没改完。你想想看，这毛病有多少？凡夫居然没毛病，这怎么得了！这就是什么叫作"觉"，什么叫作"不觉"。知道自己一身毛病——这是觉悟的人，就是我们佛家讲的菩萨；不知道自己毛病的人就是佛家讲的凡夫。这很好懂，菩萨不是神，菩萨是一个知道自己毛病的人、常常改过自新的人。

如果我们能更进一步，不但能改过自新，还能发阿弥陀佛之愿，即是改造命运最殊胜的方法。我们天天念《无量寿经》，把《无量寿经》念得很熟，这只是初步功夫。第二步功夫就拿《无量寿经》当作一面镜子，每念一遍就是照一次，照一次就是对照一下，去寻找自己的毛病。我们照镜子晓得哪个地方脏了，赶快把它洗净，洗净就是修正。心里面肮脏不能觉悟，要读经。经典是一面镜子，这个镜子照一照，知道我们心里哪些地方有毛病，赶紧把它改过来。所以第一步是念熟，第二步是依教奉行，就是依照《无量寿经》来修行。

修行第一要"发愿"。阿弥陀佛四十八愿，仔细想我们有没有？我们要把四十八愿变成自己的愿心，咱们跟阿弥陀佛是同心同愿，真正的同志。同愿、同志就是一个人，换句话说，你也变成了阿弥陀佛的化身。所以阿弥陀佛是榜样，我们要照这个样子来塑造自己，把自己改变成跟阿弥陀佛一模一样——心一样、愿一样。你想想，怎么不能往生？决定往生！心愿相同，然后言阿弥陀佛之言。言语相同了。平常处事、待人、接物，念念不忘阿弥陀佛，念念不忘劝人念阿弥陀佛，这就是言阿弥陀佛之言，行阿弥陀佛之行。

我们的身、语、意三业都像阿弥陀佛，就是阿弥陀佛的化身，就是阿弥陀佛乘愿再来。这比"义理再生之身"高明得多，这是即身成佛，成了阿弥陀佛了。我们的凡夫身摇身一变，成了阿弥陀佛再来。本来我们是业报身来投胎的，现在一变，变成了阿弥陀佛乘愿再来，这是改造命运最殊胜、最上乘的改法。

"夫血肉之身，尚然有数，义理之身，岂不能格天！"

浅释

其实这里面的重点是讲妄念——妄想执着。身与数实在互不相干，真正有关系的是心。身是受心的影响，主要是心地。凡夫的心地，总而言之——自私自利。这是凡夫心，一定堕在数量里。如果拿佛法来讲，若用意识心，亦决定堕落在数量里，也就是用八识，八识是有为法。诸佛菩萨为什么能超越？因为他转八识成四智，他不用八识，所以不落在数里面。

"义理之身"，自己觉悟之后，用的是觉心。前面"血肉之身"用的是迷情，如果用的是觉智，"岂不能格天"！

尤注说："精诚所至，金石为裂，此至诚所以格天也。"这有一个典故：汉朝名将李广，有一次行军时，路边草很深，草里面有一块大石头，他看错了，以为是一只老虎。他拔弓箭射它，用力很猛，箭射去插得很深。下马一看是一块石头，自己也很惊讶！想："我的力量这么大，箭能插得这么深！"再射一次就射不进去了，才知是"精诚所至"。正像罗什大师七岁时举大铁钵一样，没有心、没有念头时把它举起来。再一想："我人这么小怎么能举得动？"再举就举不动了。李广把石头当成一只老虎，不知道它是石头；知道以后箭再也射不进去了。这是比喻一个人以真诚之心，真诚没有妄念，所以金石为开。

由这两则小故事也能证实《华严经》讲的"事事无碍"。事事无碍是心地清净到相当程度，才没有妨碍；如果心不清净，事事都有障碍，所以触事成障。心地清净就没有障碍了。

"至诚所以格天"，"格"当作感格、感应讲。儒家讲的格物，"格"是格斗，"物"是物欲。我们要舍弃欲望，不会被欲望所转，这叫"格物"。此地讲"格天"，"天"就是数，就是定数，也就是我们讲的命运；以至诚感格而改变了命运，转移了命运。至诚就是真心，至诚心就是《观无量寿经》讲的菩提心——至诚心、深心、发愿回向心。

"太甲曰：'天作孽，犹可违；自作孽，不可活。'"

浅释

"太甲"是商朝时候的皇帝，在早年也是胡作妄为，以后得大贤伊尹的教导，他改过自新。这几句话是他改过自新之后，对伊尹感谢的话。

"天作孽，犹可违"，天命所做的不善是可以改变的，我们修善积德就可以改变。"天"就是指天命，天命也就是"数"，我们一般讲的命运——是可以改造的。

"自作孽，不可活"，"自作孽"是这一生自己造作的不善。"天作孽"是宿世的，过去生中所造的恶业。这一世所得的不善果报可以改，这就是宿命可以改；现前造的罪业，那就没办法了。现前继续再造，你就不会改过。过去有恶因，现在再加恶缘，必定结恶果；过去有恶因，现在断恶缘，虽有恶因不结恶果，这是一定的道理。

　　改造命运的原理就在"缘"上——"因缘果报"，"因"是过去生中所造的，没有法子改变，能改变的在"缘"。譬如说我们种瓜种豆，瓜与豆的种子是因，不能把瓜子变成豆，也不能把豆子变成瓜，因是定数。我们今天想要瓜，还是想要豆，就在缘上加以决定。我们想要豆，把豆的种子种下去；瓜的种子收藏起来，它就不会结果。结果需要缘，缘有土壤、肥料、阳光、空气、水分，等等，这些缘都具足，它一定会长得很好。若不想要它结果，虽然有因，只要把缘断了，譬如瓜子放在茶杯里，放一百年也不会长成瓜。为什么？它没有缘。

　　所以过去虽然造作恶因，这一生中不造恶业，断恶修善，恶的缘就没有了。过去生中总有善因，一个人哪有一生作恶不为善的？找不到！一生都行善，没有一点恶，这种人也找不到。所以生生世世我们所造的业都是善恶混杂，恶多少是有的，或者是恶做得多，善做得少。恶做得多不要怕，只要今生不再作恶，恶缘断了，虽然是少善，但是少善也会开花结果。所以一定要断恶修善。

　　"自作孽"就是现在还继续不断地去造恶业，恶的果报一定现前，所以"自作孽，不可活"。"天作孽"是过去生人所做的，这是我们可以改造；现前再要不断地造作恶业，那就没法子改造了。

"《诗》云：'永言配命，自求多福。'"

浅释

　　《诗》是《诗经》，五经与十三经里都有《诗经》。《诗经》里面有句话说："永言配命，自求多福。""永"是永恒的意思；"配命"就是"上合天心"。这两句话就是佛家早晚课诵真正的目的。早课是提醒自己，晚课是反省检点自己，这样早晚课做得就有意义了。在佛陀的时代，早晚课的内容就是三归依。早晚课所念的词句是出自《华严经净行品》："自归依佛，当愿众生，体解大道，发无上心。"早晚都一样。现在我们所见的课诵本是古德所编的，内容适合当时在一起共修的大众，这对于我们自己修学恰不恰当？不恰当就要修正。根据什么修正？针对我们的毛病来修正，则课诵对于我们才有大利益。拜忏也是如此。如果天天拜忏，心还是不清净，业障不但不能消除，还在增长，就跟生病吃药一样，如果这些药用下去之后没有收到效果，生病的人就得赶紧换个医生，另外换处方才好。诵经、拜忏是治我们的心病，治我们的烦恼，若没有效，就要想方法对治。所以夏莲居居士所编的《宝王三昧忏》，比起其他忏本更契合于现在众生的一般毛病，诸位仔细看看就晓得，里面许多文句讲的是我们现前的病痛。因此早晚课诵要根据自己病痛来选定。

图书馆早晚课诵都念《无量寿经》，就是修定。如果没有这么长的时间来做课诵，可以在早晨念第六章——四十八愿，晚课念三十二至三十七章，这六章都是讲因果报应，希望自己能改过自新。早课提醒，晚课反省，这才是"永言配命，自求多福"。

　　此地所讲的"天心"就是自性，所以"天"不是指天地、天神，就是自己的真如本性。与自性相应，与真心相应，这是第一善，也就是《无量寿经》中讲的八个自然，都是这个意思。

　　"孔先生算汝不登科第，不生子者，此天作之孽也，犹可得而违也。"

浅释

　　孔先生给你算命，你命里没有登科第的福报、没有儿子，这是你过去生中所造的业，所积的恶业，前世所修的不善，但是可以改造。命运是有，但不是定命，不是一成不变的。以前是常数，现在再造的是变数。

　　"汝今扩充德性，力行善事，多积阴德。"

浅释

　　云谷禅师非常具体地指出来，如何改造自己的命运。改造命运一定要晓得从心地上改——"扩充德性"，就从这里改。由此可知，从外面改、外面求，则是云谷讲的"内外双失"。现在有人改风水，改个门，改个窗，改个位置，莫不内外两失。表面上好像是有得，其实还是命里有的，依然还是个常数，不是变数。

要知道从心里面改，从观念上去改，就是断恶修善。"多积阴德"。"阴德"是自己多做好事，不需让人知道，这叫阴德。做了一点好事，到处宣扬，受人赞叹，果报就报掉了。一面做一面就报掉了，德积不住。做好事没有人知道，很好；做了好事还有人骂你更好——骂你是给你消业。罪业恶报都消掉了，好的、善的都藏在那里没动，善是愈积愈多，恶是愈消愈少。今天做好事遭人家毁谤而不甘心，做了好事为什么还遭恶报？其实那才是善报。做了好事人家马上表扬，什么好人好事……现前都报掉了。所以善一定要累积，就是藏起来不让人知道，这才是真正的好事。

"此自己所作之福也，安得而不受享乎？"

浅释

你自己这一生所造的善业，当然你自己享受。佛经里讲"因果通三世"，我们这一生的果报，是前生修的；这一生修的，来世得果报。如果你修得很积极，修得太多了，等不到来世，现前就报了，是这个道理。了凡居士后半生的命运全部改过来，就是这个道理。他积的善太多了，不等到来世，现在就得果报。

"《易》为君子谋,趋吉避凶,若言天命有常,吉何可趋,凶何可避?"

浅释

《易》是《易经》,《易经》可以说是中国古代最早的一部哲学书,里面有甚深的哲理,教人成贤成圣,而且着重在数学的探讨。内容有六十四卦,每一卦有六爻,共有三百八十四爻。从这里面去推衍阴阳刚柔的变化,能够知道过去未来的一切事相。小而个人,大至国家、世界的变化,都可以从这里面推衍出来。这是自然的因果律,也就是它所能推算得出来的。但是云谷禅师讲的超越数量,它就没有办法推断。所以它能推断的是常数,没有办法推断变数,其目的是教人"趋吉避凶"。常数是定数,《易经》知道有变数。但是人的心境,一念善就是加,一念恶就是减,天天都有加减乘除。如果加减乘除的幅度不大,于常数没有太大的变化,那么命运就会被人算得很准。

了凡先生被孔先生算定之后,他二十年不增也不减,完全相符,一点也不错的。凡夫一般总是有变化的———一念善,一念恶……不像了凡先生不想做善事,也不做恶事,始终保持一个常数,所以他的命运还是相当准确的;如果变化大就超越了。因为超越常数,所以"吉可以趋""凶可以避免",就是自己可以争取的意思。

尤注说:"因为诸行无常,所以一切得失苦乐境界,都觉得非常活变,可以随着各人行为,把他加减乘除出来。""行"是思想、见解、行为,这不是一个常数,所以一切得失苦乐境界都觉得非常活变,可以随着各人行为，把它加减乘除去来。常数是因，变数是缘，改造命运的关键在"缘"上。佛法对缘非常重视，所以讲"天地万物，因缘所生"。因缘所生着重在缘——缘生法。因为缘是变数，因是常数，掌握这个变数，自己就可以改造命运了。自己就可以循着自己的理想、自己的愿望，得到殊胜圆满的结果。佛在经上也给我们说"无常、无我、涅槃"，懂得这个原理，人可以成圣、成贤，可以成阿罗汉、成菩萨、成佛，都是基于这个原理来说的。

"开章第一义，便说：'积善之家，必有余庆。'汝信得及否？"

浅释

由此可知，《易经》了解世间宇宙人生的常数，但是它也知道这里面有变数。掌握了变数，小的可以改造自己的命运，大则可以代世界国家谋求永久的安定和平。这一部书真正是了不起，很可惜现在几乎变成看相算命的书，实在太可惜了！正如同梅光羲居士在《无量寿经》序文中说："《弥陀经》本来是帮助我们了生死、出三界、成佛作祖的一部书，现在变成为人送终的经卷，这实在是太冤枉了！"《弥陀经》沦落到这种地步，就像《易经》沦落到看相、算命、看风水一样，太可惜了！《易经》确实是指导人生幸福、世界安定和平的一部哲理书。《易经》教导我们改造命运，就是"积善"。积善当然先要改过，改过而后积善，这样的人家"必有余庆"。云谷禅师问了凡："你能不能相信？"

余信其言。

浅释

袁了凡之所以能改造命运，关键的所在，就是闻到善言他能够深信，这就是大善根、大福德，他遇到云谷这是因缘。佛经上讲的"善根、福德、因缘"，这三个条件具足，他的命运怎么会不转？绝对能转过来的。

尤注说："闻善言而生疑谤者，是为罪恶之相，故曰疑为罪根。""善言"是圣教，世出世间圣人的教诲，后人称之为经典。经典所说就是真理，永远不变，超越时间、超越空间。超越时间就是几千年前所说的道理，几千年之后还是这个道理，永远不变的；在中国是这个道理，拿到外国去还是这个道理，这是超空间。超时间、超空间，这才称之为经典。

所以听到这些话，知道这些世出世间的圣人，他们的著作教训绝对不是经验累积的。经验累积有时候还有差误，还有不适时宜。佛经是从真如本性流露出来的真言，不是经验的累积；历史教训是经验的累积。经典著作是真性的流露，所以超越时空，是绝对的真理。你能相信，绝对得利益、得好处；不相信，这种殊胜的功德利益，是你当面错过。所以佛法讲"疑是罪根"，是根本烦恼。根本烦恼六个——贪、嗔、痴、慢、疑、恶见，"恶见"是错误的见解。尤注说："闻善言而起敬信者，是为福德之相，故曰信为福母。""母"是比喻能生的意思，世出世间的福德都是从"信善言"而生的。你能深信圣言，你能相信圣教，无量无边的福德就从这里生出来了。了凡先生很难得，听到云谷的开导他就深信。

拜而受教，因将往日之罪，佛前尽情发露，为疏一通。先求登科，誓行善事三千条，以报天地祖宗之德。

浅释

"拜而受教"，在此处我们见到了凡尊师重道的真诚表态，并不是随便说："我相信，我一定照做。"然后过了两天都忘掉了，他是认真地去做。下面是了凡先生自己的叙述，从此把从前种种的习气、种种的毛病在佛前尽情发露，丝毫不隐瞒。而且"为疏一通"，"疏"就是疏文。述说自己种种过失的情形，向诸佛菩萨陈白，这是表示自己真心忏悔，求诸佛菩萨为其作证明。《宝王三昧忏》里有不少文字，跟了凡先生的疏文相同，将自己的过失一桩桩地说出来。

尤注说："朱子家训有云，恶恐人知便是大恶。"自己的缺点，自己的毛病不要怕人知道。真正聪明智慧的人，自己的弊病越多人知道越好；人家批评一句，人家责骂一句，业障就消了。如果自己的毛病隐藏起来，不让人家知道，恶越积越大，后来的果报不堪设想！所以有过失不要隐藏，别人说出来，自己要感谢。纵然没有过失，人家冤枉了我们也好；冤枉我们也是替我们消业，不必去辩白、辩护。常常为自己辩护，自己真的有毛病人家就不说了，那个恶就大了。中国唐太宗之所以成为历史上贤明的帝王，就是他不护短。任何人可以当他面说他的过失,他以帝王之尊不责备人。为什么?他要知过改过。

了凡先生发愿"先求登科",这"科第"是他命里没有的。命里没有而求得,那才是真正求得的。"誓行善事三千条",发愿改过修善。"以报天地祖宗之德","天地"是讲神明;天地神明、祖宗之德。

云谷出功过格示余。

浅释

云谷禅师赠送"功过格"给了凡先生。对于什么是"功德",什么是"过失",列出具体的条目。

令所行之事,逐日登记。

浅释

教导袁了凡先生依此修行,每天反省检点,有过失要记下来,修的善事也要记下来。

善则记数,恶则退除。

浅释

"功过格"在明朝末年很流行,世间有一些读书人以此来修身,佛门里也有。莲池大师就编有功过格,名称叫《自知录》，完全是以佛法善恶的标准，提供给四众弟子作为断恶修善的标准。功过格流传到现在有很多种，可以给我们做参考。了凡先生距离我们现在有五百多年，时代背景跟现在不一样，生活方式也不相同。换句话说，许多事相上的标准不一样。我们守住它的原理原则，要用智慧，然后细想当前的社会，我们应该怎么做法。目前还没有人给现代人编一个功过格，现在所流行的都是古代的功过格，我们要晓得它的精神之所在。

且教持准提咒，以期必验。

浅释

"准提菩萨"是观世音菩萨在密教里的化身。为什么云谷禅师不教他念经，要他念咒？念咒的目的是要恢复清净心，不要胡思乱想。咒没有意思，没有办法想意思，一直念下去，念久了心就清净了，目的在此。所以念经、念咒、念佛，目的都相同，这要应机施教。因为如果教了凡念经，他会想经中的意思，所以教他念咒。佛门里也说："念经不如念咒，念咒不如念佛。"都是讲求实行。

我们今天缺乏以往的基础教育，能做的就是古德所讲的"亡羊补牢"。所以把学佛的头几年着重在背书——背诵《无量寿经》。尤其是年轻人，二十岁以前是求学最好的黄金时代，能把这部书背得很熟，一生受用无穷。这种作法是一举四得：第一、中国语言不会忘掉，尤其是海外的侨居子弟，使他不忘本。第二、能够认识中国文字。第三、目的是通达文言文。能通达文言文，这是自己一生真实的本钱，他有能力阅读《四库全书》——就是我们中国五千年所传下来的这些经典，这是古圣先贤智慧经验的结晶，可以吸收都变成自己的学问。第四、也有能力读佛经，作为学佛的基础。佛法是无上究竟圆满的智慧，所以背诵经典是根本的基础，非常重要。能断恶修善，又能作心地功夫，就是修清净心。"以期必验"，所求必定可以得到。

语余曰："符箓家有云，不会书符，被鬼神笑。此有秘传，只是不动念也。执笔书符，先把万缘放下，一尘不起，从此念头不动处，下一点，谓之混沌开基，由此而一笔挥成，更无思虑，此符便灵。"

浅释

"符箓"是道教的一种法术，类似佛门里的念咒。"不会书符"，就是不会画符。"被鬼神笑"，不会画符的人，画的符不灵，鬼神都笑话他。"此有秘传"，这符要怎样画才灵？秘诀是"只是不动念也"，就是不动念。"念头不动处，下一点，谓之混沌开基。由此而一笔挥成，更无思虑，此符便灵。"画符的秘诀就在此，你懂得秘诀，也就会画符了。

你要是懂得这个原则，念咒也是如此。有人念咒很灵，念大悲咒很灵，有人念得不灵。秘诀在哪里？就在此地。他念咒从头到尾没有一个杂念，这就灵了。如果念咒当中有一个妄想、一个杂念，这咒就不灵了。所以咒愈长愈难念，愈不容易灵验。楞严咒非常之灵，现在念楞严咒的人很少有灵验的。为什么呢？念楞严咒时不知道打了多少次妄想——有一个妄想就不灵了，何况有很多妄想，当然不灵！

同样的道理，念经也是如此。念一部《无量寿经》，如果没有一个妄想，那了不得！必定跟十方三世一切诸佛感应道交。所以我们读经要以清净心、平等心、真诚心、恭敬心去念就有感应了；一面念一面打妄想是不可能有感应的。

由此可知咒愈短愈好念，愈短我们摄心比较容易。而这一句"南无阿弥陀佛"更短了，如果嫌这个还长，莲池大师告诉我们念"阿弥陀佛"四个字。念这四个字没有一个妄念，这四个字就灵验了。就好像我们这里打电报给阿弥陀佛，电报打去，那里就收到了。如果加一个妄念，他就收不到，没有感应。这段开示的道理很重要。

"凡祈天立命，都要从无思无虑处感格。"

浅释

"祈"是祈祷，或者是向诸佛菩萨祈祷，或者是向天地鬼神祈祷。"都要从无思无虑处感格"，"感格"就是感应、灵感，这是非常重要的开示。"要从无思无虑处"，使心地真正清净，没有一个妄念——就是真诚心、清净心、恭敬心。我们祈求诸佛菩萨定要如此用心，至诚恭敬地去祷告，才有感应。原理如是，怎么会没有感应？我们中国人祭祀祖先，在祖先神位前祷告，也是这个原理，心不清净祷告是没用处的。所以古代祭祀，这是大典，主祭者要沐浴斋戒三天。这三天修清净心，自己关在一个小房子里，一切万缘放下。我们佛家讲"观想"，祭神如神在，到祭祀时，确实他的祖先神灵来了。

所以要知道，寺院里供奉的诸佛菩萨，诸佛菩萨在不在？不一定在，不是说诸佛菩萨像供着就在。如果这个寺院里面，四众同修，心地真诚清净，诸佛菩萨就在；如果心地不清净，往往有一些妖魔鬼怪冒充诸佛菩萨来作祟了。这事《楞严经》上讲得很清楚。所以寺院里不一定是真有诸佛菩萨的。

"孟子论立命之学，而曰夭寿不二，夫夭与寿，至二者也。当其不动念时，孰为夭，孰为寿？"

浅释

这是孟子所说的，"夭"是短命，"寿"是长寿，这是迥然不同的两桩事情，为什么说是"不二"？我们起了妄念，有分别、有执着，这是"二"；如果不分别、不执着，就"不二"了。

"当其不动念时，孰为夭，孰为寿？"可见得是"从无思无虑处"才能看到不二。夭与寿不二，这是举一个例子；世出世间一切法都是不二的，佛法中所谓"入不二法门"。不二法门是《维摩诘经》上讲的，不二法门也就是净宗所讲的一心不乱，也是《华严经》所讲的一真法界，这是诸佛如来果地上的境界。这里孟子也说到不二法门，可见都是地上菩萨的境界。

"细分之,丰歉不二,然后可立贫富之命。"

浅释　这里讲到安身立命,心安住的所在叫作"立"。"富贵安于富贵,贫贱安于贫贱",社会就安定了,天下就太平了;在生命之中、生活里面,都能够得到乐趣。乐趣是什么?没有妄想,没有忧虑,没有烦恼。乞丐可以说贫贱到了极处,他要真正能够知命,他也很自在、很幸福、很快乐。

民国初年,有一个真实的故事。在江苏,当时有一个乞丐,白天出来讨饭,晚上就在破庙里睡觉,生活过得很自在、快乐。以后他的儿子做生意发了财,在地方上很有声望,很有地位,他父亲还在外面讨饭,人家就骂他:"你这做儿子的真不孝!有这么大的财富,怎么可以让你父亲在外面讨饭呢?"儿子听了也很难受,就派很多人到处去找,把父亲找回来了,在家里供养。他父亲在家里住了一个多月,又偷偷地跑出去讨饭。人家就问他:"你在家里享福不好吗?"他说:"不自在!我白天游山玩水,晚上到处为家,生活多么自在,快乐无比!在家里受人供养,简直受罪!"他能在贫贱上立命,真正放得下,真自在!财、色、名、食、睡,一点都不动心,心地清净安乐。看这个社会,就像看戏一样;社会上的人天天追逐名闻利养,社会大众演戏,他在一旁看戏。这个人确实不是普通人,这真正是智慧立命的好样子。人生在世,追求幸福美满的人生,幸福美满不是财富,也不是地位。所以要知命,要能够顺应——"恒顺众生,随喜功德",这才能真正幸福美满。

"穷通不二,然后可立贵贱之命。"

浅释

"贵"是富贵,能够安于富贵;"贱"是贫贱,能够安于贫贱。"贫富"是从财富上说的,多财是富,少财为贫。"贵贱"是从社会地位上说的,贵是地位高的,贱是地位低的。

"夭寿不二,然后可立生死之命。人生世间,惟死生为重。"曰:"'夭寿',则一切顺逆皆该之矣。"

浅释

"生死自在"就把所有顺逆境界包括了,无论处顺境、处逆境,无不自在,正是所谓头头是道,左右逢源,得大自在,这是真正的人生。真正真实的幸福,没有大学问,没有真实的功夫做不到。由是可知唯有"觉者"才能安身立命,迷的人没有法子,天天胡作妄为,愈陷愈深。所以佛常常在经上称之为"可怜悯者",真正可怜!

"至修身以俟之,乃积德祈天之事。"

浅释

"俟"是等待,"修身"等待我们的命运改变、改造。改造命运并不是一天、两天可以做得到的,是要有时间之累积，要勇猛精进，并且与自己的勤、惰、迷、悟有很大的关系。一定要觉而不迷、正而不邪，还要勇猛精进，再假以时间，一定能得到效果。

曰："'修'，则身有过恶，皆当治而去之。"

浅释

"修"就是修正。"行"就是行为，思想、见解、造作，这些都属于行为。说了"身"就包括心、包括语。身、语、意三业有过失、有恶意、有恶行，要把它改正过来。"治"就是对治，要用方法对治。

曰："'俟'，则一毫觊觎，一毫将迎，皆当斩绝之矣。"

浅释

"觊觎"是非分希望善报、善果早一点来，这个心是妄心，这一念是障碍。古人说："只问耕耘，不问收获。"你只要勤于耕耘，它自然有收获，何必要天天去求？这是把实修的方法教给我们——什么都不要求，只管断恶修善，到最后什么都得到了。不必求，样样都得到了；有求反而得到的有限，求一桩，就得一桩，多可惜！若不求就样样都得到了。为什么说不求样样都得到？因为你不求，样样都是性德显露，与性德相应，所以样样都得到。若有所求，则修德不与性德相应，故所得者有限。

实在讲，了凡先生他所得到的是修德，还不是性德，因为他还是有所求——先求功名，然后再求儿女。他有求，求一样就得一样。如果他一点希求的念头都没有，唯一修身积德，则他样样都圆满。他没有求寿命，寿命也延长，他的寿命只有五十三岁，以后活到七十四岁。

"觊觎"是非分的希望，要把一念非分希望的心除掉。"将迎"，就是我们今天所讲的"攀缘"，把攀缘的心也要去掉。"皆当斩绝之矣"，把它断除，没有丝毫非分的希望。如理的希望就是我们的生活能过得很安稳，三餐吃得饱、睡得好、穿得暖，这就够了！衣食不缺，生活安稳，小房子住得很舒服，费用少，生活容易。一般人要求奢侈、豪华，讲求派头，不知道要付出多少的辛劳，这是得不偿失。自己纵然有能力、有福报，应当给大家共享，那你的福报就是积德——积百世之德，你的子子孙孙都享受不尽。所以有余福一定给大众去享受，这才是真正聪明有智慧的人。所以一定要有耐心，何必求福报提前地到来！

"到此地位，直造先天之境，即此便是实学。"

浅释

"实学"是真实的学问。"直造先天之境"，就是佛法讲的"返本还源"，也就是说自性流露，不是凡夫的境界。这里面有真乐，法喜充满，真正是离苦得乐，这是觉悟的人所求的。

"汝未能无心，但能持准提咒，无记无数，不令间断。持得纯熟，于持中不持，于不持中持，到得念头不动，则灵验矣。"

浅释

这是教他"戒、定、慧"三学一次完成的修行方法，这叫"圆修圆证"——《华严经》上讲的"一即一切，一切即一，一修一切修"，秘诀还是"无记无数，不令间断"，这就是常讲的不间断、不夹杂，这个功夫很重要。要不要记数？云谷禅师教他不必记数，只要求不间断。古德有很多要求我们从记数下手，原因是什么？我们懈怠懒惰。所以每一天老老实实地定一个数字，一天念一万声，一定要念满一万，来对治懈怠懒惰的毛病。不记数，有时候就忘掉。像了凡这样的人非常老实、认真，教这种人可以不必记数，记数反而是夹杂。他真学、真做、真精进，所以就教给他不间断、不夹杂。法门平等，无二无别，关键就是要一门深入。古人从读经下手的非常普遍，不管是念经还是念咒、持名，都要以清净心、平等心、恭敬心一直念下去，这样才能得到真正的受用。

"汝未能无心，但能持准提咒，无记无数，不令间断。""无心"两个字很重要，这两个字是关键的所在。"无心"就是没有妄想、分别、执着。袁了凡虽然和云谷禅师两个人在禅堂里，三天三夜不起一个妄念，他没有到无心的程度。他只是一点信心把烦恼伏住，不是定功；他相信一切皆是命运，相信因果报应。所以云谷禅师教他更进一步，要"修定"。持准提咒是修定——妄想、执着没有了，真性就显露出来了。佛在大乘经上常说的"法尔自然",就是净宗所讲的一心不乱,这是佛门里面修证的目标,也就是圆满真实的功夫。功夫到了,"于持中不持,于不持中持",就是我们常讲"念而无念,无念而念",念一句佛号如此,念经也是如此。我们念《无量寿经》——念而无念,无念而念,念经一样达到功夫成片,一心不乱。可见得方法,手段不相同,原则、原理、目标完全是相同的。到念头不动的时候,感应自然就现出了。

所以做功夫,大致上分三个等级——上乘的功夫,理一心不乱;中等的功夫,事一心不乱;下等的功夫,功夫成片。修学一定从功夫成片,再提升到事一心不乱,晋级到理一心不乱。所以我们功夫达到第一个阶级时,不可中止,不要满足,满足就不能提升了。

功夫成片的上乘,已有生死自在的可能——想哪一天走,就哪一天走;想什么时候走,阿弥陀佛就什么时候来接引你。虽到这个境界——生死自在,最好还在世间多住几天。为什么?经上讲娑婆世界修行一天,等于西方世界修一百年,住在这个世界磨炼磨炼。第二个更大的意义是多劝几个人往生。我们自己去了很好,若是能带一批人去,那不是更好!所以就不妨把目标着重在帮助别人,在化他。"自行化他",功德是圆满的,这样才能报答诸佛菩萨的深恩大德,帮助佛接引众生。有求必定有得,也就是"灵验"。

余初号学海,是日改了凡。

浅释

　　古人跟我们现在不一样，有名、有字、有号。"名"是父母取的，决定不能改变。要是把自己的名字改掉了，这是大不孝。父母给你取的名，就是父母对你一生的期望，你把名字改掉，对于父母的希望忽略了，这是真正的不孝。古时候名、字之外再用"号"。用号的在社会上是比较有身份、有地位了。

　　古人成年之后，没有人再称他的"名"了，这是对他尊敬。男子二十岁行冠礼；在没有行冠礼之前，大众皆可以称他的名，行了冠礼之后，表示他已成年了，如果称他的名就是对他不尊敬。那要怎样称呼呢？就是在行冠礼时，他的同辈、兄弟、同学、朋友送他一个"字"，从此以后称他的字，不称他的名，一生都是如此。纵然将来做官，朝廷上皇帝也称他的"字"，不称他的"名"。若称名，必是他犯法有罪了，他要被判刑罚罪。这些称呼上的常识，不可不知道。

　　若对他更恭敬，"字"也不称了，称他的"号"，或是出生地名——他是某一地方出生的。表示这个地方出了这样一位受人尊敬的大人物。称地名是最恭敬、最尊敬的。譬如清朝的李鸿章，当时很受大众尊敬，名、字、号都不称，称他"李合肥"——他是合肥人。佛门里也是如此，到达最尊敬的时候，名、字、号都不称了，往往称寺庙或地名。像我们称智者大师为"天台大师"——他居住在天台山；"慈恩法师"——是慈恩寺的窥基大师。

　　"了凡""学海"皆是他的号，这是很尊敬的称呼。他的名，终其一生只有两个人称他。一个是父母，父母一生称你名，不称你的字；你的祖父母、伯叔都要称字。

这是对你尊重客气。除父母之外，另一个就是老师称名。所以对老师、父母是一样的尊敬，父母之恩和老师之恩是同等的。只有父母、老师可以称名，皇帝都不称名。但是对于长辈，自己要称名，表示恭敬。对于平辈可以称字。这些称谓我们要晓得，不能搞错。佛门里面有内号、外号——内号就是法名，外号是字，还称名、称字。

盖悟立命之说，而不欲落凡夫窠臼也。从此而后，终日兢兢，便觉与前不同，前日只是悠悠放任，到此自有战兢惕厉景象。在暗室屋漏中，常恐得罪天地鬼神，遇人憎我毁我，自能恬然容受。

浅释

这一段是说他改过自新的决心和行持。首先他把别号改了，以前他的别号叫"学海"，从这以后就改成"了凡"，"了"是明了，"凡"是凡俗；现在对于世俗之间的事情他都明了，也就是觉悟的意思——真正晓得命运是自己可以改造。道理、方法他都懂得了，从此以后不会再走宿命论这条道路。

决心改过之后，气象就不相同了，也就是日常生活的感触不一样了。他说从此终日能提高警觉。"战兢"是警觉的状态,不像从前迷惑颠倒。以前是"悠悠放任"，"悠悠放任"是很随便的意思，就是过一天算一天。日子怎么过的？不晓得。没有理想，没有方向，俗话讲的"醉生梦死"。这样决定被命运拘束，不能创造自己光明的前途。改过之后，"到此自有战兢惕厉景象"，拿现在的话讲，改过自新后的意识形态不一样，也就是说对于宇宙人生的看法转变过来了。从前的看法是一切是命中注定的，还有什么转变的呢？没有法子。现在晓得，命运可以自己改造，这个观念转变过来了，比以前显示得更积极、更发愤、更乐观。

"在暗室屋漏中，常恐得罪天地鬼神"，这一句非常重要，一般人所以不能改过自新，就是不晓得这个事实。为什么《无量寿经》念多了，真正体会到这种情形，会比袁了凡还要来的谨慎？因为西方极乐世界的人数绝对没有法子计算，就是集合全世界的电脑来计算，也算不出来。他们每一个人的神通道力都像阿弥陀佛一样，天眼洞视、天耳彻听、他心遍知。我们一举一动，甚至心里面起个念头，他们都知道。不要说做坏事，就是起个恶念，阿弥陀佛、观音、势至、西方世界的大众们没有一个不知道。能瞒过谁？

这是讲独居无侣，人目所不见处，他也是规规矩矩、谨谨慎慎，不敢起一个恶念，这才真正做到了克己的功夫。我们想求生西方极乐世界，想成就自己的德行，如果还是自己欺骗自己，那怎么能成就呢？孔夫子说："君子慎独。""慎"是谨慎，"独"是独自一个人。独居也决不放逸，这叫真正做功夫。一般人懈怠、放任的习气太重，就是随便惯了。在大众中比较谨慎收敛一点；人见不到的地方他就放逸了。

为什么从前寺院丛林的修行，一定要住广单，不可以一个人住一个房间？一个人一间寮房是不可能有成就的。睡广单就是"依众靠众"，十几个人睡在一个房间里，我们今天称为"睡通铺"，睡觉时也不能随便乱动。

用这个方法，目的在使人不可以有丝毫放纵，这样来历练自己。现在的社会跟从前的社会不一样，每一个人都不愿意约束自己，一定要享受舒服。

寺院里也有单独的房间，是专为年老的修行人而设的，因为他的行动不方便。大家在一起过团体生活，行动都要一致，年老的人，体力衰弱、行动不便，才给他一间寮房。寺院里面身份地位比较高的，琐碎的事情多——像住持、当家师，什么事情都要过问，也要单独一个房间，便利于办事。

所以真正修行，六和敬里的"身和同住"，绝对不是一个人一个房间。如果说是两、三个人住一个房间不方便，我不愿意跟他住，有这种念头，念佛功夫成片绝对得不到。为什么呢？心不平等、心不清净，还有嫌弃。这怎么能成就？修行在哪里修？就在这个地方修。在极不平等的环境里面修自己的清净心、平等心，这叫修行。不愿意跟人相处，这就是过失，就是毛病。了凡先生发现他自己的毛病，就要痛改前非，把毛病改过来。我们现在有这个毛病，不但不改，还要继续去培养，怎么能成功呢？

所以僧团里首先要求我们修学的就是"六和敬"，"六和敬"就是大众在一块共修的基本戒条，个人所遵守的就是"五戒十善"。在从前，寺院丛林里面以《沙弥律仪》做基础——"十戒二十四门威仪"。现在不要求那样苛刻了，我们只要求五戒十善就够了。出家、在家都应当如此，规矩不能再降低了。团体生活就要求六和敬，把我们的毛病习气都修正过来，不讨厌别人，不怨憎别人。

"遇人憎我毁我"，"毁"是毁谤，不要跟他计较，不要把他放在心上。"自能恬然容受"，"恬"是安然。由此可知，他的心境相当平静，不像从前，他心浮气躁，一点点委屈都受不得。现在可以受委屈了，这就是看到他修行的功夫在增长，这就是效果。所以一个修道的人，一个真正学佛的人，要学着跟任何人都能相处；跟诸佛菩萨能相处，跟妖魔鬼怪也能相处，在任何境界里，都是怡然自得。

　　我们看《六祖坛经》，六祖大师在黄梅证的果位我们不晓得，但最低限度也应该是圆教初住菩萨，只会比这个更高，不会比这个更低。他是明心见性的人——初住以上的菩萨，这还得了！他去侍候那些打猎的人。打猎，天天杀生造恶，他眼睛看到，耳朵听到，还要替那些猎人烧饭，侍候这些猎人。猎人是他的主人，他是猎人队里的仆人，猎人要吃肉，他也要侍候。不是短时间，是十五年！我们能忍受得了吗？他在那个环境里怡然自得，不起心、不动念、不分别、不执着，十五年是六祖真正的修行。他在黄梅是开悟了，"悟后起修"，他在一切顺境、逆境里面修清净心、平等心、大慈悲心。没有别的，就是修这三样。

　　我们今天与人相处，是不是在顺、逆境界里面，物质环境、人事环境里修清净心？如果不是修清净心，就没有修行，于自己一点利益都得不到。那不是学佛，那是搞"佛学"。每天在文字纸堆里去钻，也能说得天花乱坠，烦恼天天增加，将来的前途依旧是往生三途六道。这就错了！真正修行人绝不执着文字——离言说相、离名字相、离心缘相。他求的是心地清净、心地平等。

清净心、平等心就是真心，就是本性，他所求的是明心见性。

我们念佛人也是这个目标，我们求功夫成片。"成片"就是心地清净平等，平等就是一片，清净就是一片，心里面没有界限。换句话说，还有分别执着就不能成片；一有界限，就不能成片。离开一切分别执着，功夫才可以成片，这叫真正修行。他有了这样的功夫，功夫并不很深，稍稍上轨道了，感应就现前。

到明年，礼部考科举。

浅释

明、清的"礼部"相当于现在的教育部。"科举"是国家举办的考试，相当于现代的高考。从前考试跟教育都是礼部掌管，礼部的职权相当于现在的教育部。

孔先生算该第三，忽考第一，其言不验，而秋闱中式矣。

浅释

他命里注定的是第三名，现在跟命里就不一样了。这是他行善积德，他的名位从第三名提高到第一名："其言不验"，这就跟定命不一样了，这就是变数——他尝到了——确实有变数，而不是定数。"而秋闱中式矣"，古时候大考都定在秋天，"闱"是闱场、考场；他考中了，就是考中了举人。了凡先生的命里，原本只有中秀才的分。因为命里讲，他没有科第，科第最高的是进士。以后他发愿求中进士，也被他求到了，那是他命里没有的，才是求到的。

然行义未纯，检身多误，或见善而行之不勇，或救人而心常自疑，或身勉为善而口有过言，或醒时操持而醉后放逸，以过折功，日常虚度。

浅释

这段所叙述的几桩事，都值得我们参考，值得我们效法。"行义未纯"，"义"是道义，或者说得更浅一点就是义务。帮助别人，不要求报酬的，这是义务。儒家教我们的五伦十义，由此可知，"行义"是性德。父母对于儿女的爱护教导是义务，儿女对于父母孝顺也是义务。兄友弟恭，乃至于朋友有信——这都是义务。义务就是应当这样做的。人与人之间应该要互爱，应该要互敬互助，了凡先生懂得，虽然是做，做得不纯，里面掺杂个人利害。我去帮助他，对我自己不利！这一考虑就不纯了，也不能够尽心尽力去帮助别人。这是自己反省，虽然做，做得不够。

"检身多误"，"检"是检点，反省自己的毛病、过失还是很多。下面举几个明显的例子，或者是"见善而行之不勇"，儒家所讲"成人之美"，美就是善；我们遇到了人家做好事要帮助、要成就他。为什么？一件善事对于整个社会、乡里都有好处。譬如道路坏了，这人要发心修补，我们见到了，就要尽心尽力地帮助他，把这件善事做好，便利于大众。类似这种对于社会有利益，对大家有利益、有帮助的事情，我们都要帮助他。了凡先生也能够随喜去做，但是做得不够勇猛。也就是说没有尽心尽力，只稍稍地做了一点。这就是反省自己的过失。

"或救人而心常自疑"，别人有苦难，要去帮助他——应不应该帮助他？如果在今天的社会，求帮助的人很多，我们常常遇到。而且求帮助的人当中，有很多是来骗钱的。骗了之后他到外面去吃喝嫖赌，那就有罪过了。所以行善的确不容易，行善真正要有智慧、要有慈悲。智慧能明察，能判断应不应该做；慈悲是真正的动力。他确实有苦难，我们一定要尽心尽力去帮助他；如果他用欺骗的手段，我们一眼看穿，我们要教导他。如果他并不是很衰老，也并不是有病，身体健康强壮，应该劝导他、教导他从事正当的行业，不要用这种方式来讨生活。

"或身勉为善而口有过言"，所以改过自新不是猝然成就的，是要一段相当长的时间，不断去改；初期这些现象，决定是免不了的。身虽然善，能够合于礼法，但是口里面的言语还会有过失——口不择言，这是习气。自古以来，所谓言语是祸福之门，不能不谨慎。孔夫子教学的四科，第一个科目就是德行。德行是做人的根本，今天讲教育中的德育。第二个科目就是言语。孔夫子多着重言语——说话要有分寸，说话不能伤人。言语伤人，是不知不觉的，人家怀恨在心，将来的报复是没有办法预料的，往往许多的怨仇、误会都是从这儿来的。这个事情麻烦大——"说者无心，听者有意"，所以不可不谨慎。少言就寡过，何必多说话呢？

尤其修行人求心地清净，自行化他，一句"阿弥陀佛"就行了。人家给我们讲再多的是非，我们一句也不要答复他——"阿弥陀佛！"他再讲——"阿弥陀佛！"听个几句"阿弥陀佛"。听完之后，他讲什么我不晓得，我们就念"阿弥陀佛！"我们把这句"阿弥陀佛"给他，他讲的那些东西我没听进去。这样好！所以言语少好！袁了凡是有言语多的毛病。

"或醒时操持而醉后放逸"，就是清醒时能注意自己的言行，很守规矩、很如法；但他喜欢喝酒，酒喝醉了，就又放逸了，毛病就出来了。酒是佛法的大戒，五戒里有酒戒。但是诸位要晓得，佛为什么要戒酒？就是酒醉后乱性。如果我们饮酒不至于醉，酒有开缘，可以喝的，但决不能喝醉。戒律讲得很严格，是滴酒不沾。为什么？怕我们止不住，感情用事，没有理智，一杯接着一杯，那麻烦大了，那决定是破戒。

从前我在台中求学，李老师讲《礼记》，《礼记》的注解是郑康成（郑玄）注的。郑玄是东汉大儒，是马融的学生。马融在当时也是一位了不起的大学问家，但是马融的心量不大，学生成就若是超过他，他心里不甘心。郑玄的成就超过老师，青出于蓝，老师不甘心，想派刺客把他杀死。所以他离去时，马融带着学生到十里长亭送行——实在是不怀好意，令同学们每人敬酒三杯，郑玄喝了三百杯（三百杯的典故就是从这里来的）。希望把他灌醉，在路上好下手。哪里晓得郑康成的酒量很大，三百杯喝下去，小小的礼节都不失。李老师说，如果人人的酒量都像郑康成，释迦牟尼佛这条戒就不用制定了。

释迦牟尼佛为什么制定这条酒戒？我们要了解制戒的意义。学佛的同修如果在烹调时用作料酒，是不会醉人的，调味是可以的。如果年岁大、体力衰，他血液循环慢，酒可以帮助血液循环，每餐饭喝一杯酒，这也是可以的，这是开缘，不是破戒。

同样道理，佛门忌五辛，五辛里，尤其是大蒜。五辛是大蒜、葱、荞头（即小蒜）、韭菜、兴渠。佛为什么禁止我们吃呢？《楞严经》上说得很好，修行最重要的是清净心，功夫不到家，饮食会影响心理、生理。功夫到家，心理作得主宰，境随心转，那就事事无碍；如果还是心随境转，这是有障碍。"五辛"，佛跟我们说：生吃助长肝火，容易发脾气；熟吃增长荷尔蒙，容易引起性冲动，所以佛制禁食都有道理的。换句话说，不管生吃、熟吃，它都增长烦恼，所以禁止。

有一些在家同修说："五辛不能吃，我们对吃素的兴趣都没有了。"要明白佛制禁食的用意，五辛若当佐料配菜不起作用，像炒一盘菜里面加一两个大蒜，是起不了作用。所以要明理，佛法是很讲道理的，这才晓得佛法是活用的，合情、合理、合法，通人情、通道理的。受了戒也有开缘，你才能度很多人，自己也欢欢喜喜地跟大众在一起。所以在某一个场合里，用智慧观察，通权达变，要利用机会把佛法介绍给大众，因为他们能闻到佛法是很难得的。我们在饮食之间就把佛法的大道理告诉他，他听听也种了善根，所以这是机会教育。

"以过折功，日常虚度"，功与过两相比较，每天的过多功少，没进步！光阴空过了。

自己巳岁发愿，直至己卯岁，历十余年，而三千善行始完。时方从李渐庵入关，未及回向，庚辰南还，始请性空、慧空诸上人，就东塔禅堂回向。

浅释

己巳（隆庆三年，公元1567年）至己卯（万历七年，公元1579年）经历十一年，许求取科举、科第之愿，要行三千善事。三千善事十一年才圆满。"时方从李渐菴入关，未及回向"，这是因为他在外面服务，曾经一度在李渐庵的军中办事，任参谋一样的职务，跟着军队到处行军，没有机会回向。"庚辰南还"，第二年才有机会。"始请性空、慧空诸上人，就东塔禅堂回向"，这就是他己巳年所许的愿圆满了，真正做到了，最后回向。因为他许愿时自己写了疏文，表示要认真改过自新，积功累德。现在他修积的功德，三千善事做圆满了，回向报恩，他的愿求也果然是得到了。

遂起求子愿，亦许行三千善事，辛巳生男天启。

浅释

他命里没有儿子，想发愿求得儿子，他求到了——"求有益于得也"，真正是他修来的。"辛巳生男天启"，他许愿行三千善事，三千善事还没有圆满，他就生了儿子。因为他发这个愿，第二年就生儿子了（天启是他的大儿子）。所以真正发愿，一发愿就有感应。当然三千善事他一定会兑现的，虽然还没有修完，儿子已经得到了。跟前面一样，前面礼部考试，他三千善事还没有圆满时，他居然考中第一名；命里注定是第三，他考中第一名，这是感应道交，不可思议。

余行一事，随以笔记。汝母不能书，每行一事，辄用鹅毛管，印一朱圈于历日之上。

浅释

每天行善，做一桩好事他就记下来，夫妻两个都行善。他太太不认识字，不能记，就用鹅毛管蘸着印泥，家里用的日历本子，每一天做一桩好事，印一个红圈。

或施食贫人，或买放生命。

浅释

这是举两个例子。"或买放生命"，这就是放生。今天我们发心放生，要记住不要受骗。很多发心放生的人都到鸟兽公司去买，他们是专门捕捉来给你放生的，你不放生他就不捕捉了；你愈放得多，他拼命去捕，这不是放生，是害生，这是绝对错误的。不但没有功德，还有过失——罪过。所以佛教讲放生，是在日常生活中，买菜时偶然看见的（不要故意去找，故意去找就是攀缘）。偶然之间发现了，这个动物活活泼泼，判断它可以活命，买下来放生（一定能活下去的）。看到虽然是活的，如果买去放生它活不成，就不必了，不如拿这个钱做其他的功德。所以一定要有智慧，不可以感情用事。

我们宣扬吃素，劝人不杀生，劝人爱护动物，都是放生修学的意义，不一定要买动物去放才叫放生，那就搞错了。像丰子恺的《护生画集》，能多印多流通——他画得很好，里面题的词，内容也非常的好。但是他里面的题词多半是用文言文，如果能发心把它改写成白话文，再把画面改成彩色，再标上注音符号，多印给中、小学生，让他们从小培养爱护动物的观念，这就真正能收到放生的效果。所以要多方面去着眼，广泛去修学，不能死在一句话里面。须知"放生"二字含义很广很深；"布施"有财、法、无畏多种，义实深广不可思议。

一日有多至十余圈者。

浅释

了凡夫妇断恶修善，显然比过去进步多了。在过去一天难得做一件好事，好几天才做一桩，所以三千善事十年才完成——一年三百六十五天，十年三千六百五十天，可见得一天做一件善事，还有六百天没有做善事。现在一天居然做了十几桩善事，比从前是大有进步了。想到改过自新、断恶修善真正不容易，你看了凡夫妇的确有毅力、有耐心。看他们这样努力，就晓得精进不懈的修善不容易。要是没有毅力，没有决心，毛病习气不容易断除，这就是菩提道上进得少、退得多的道理。

至癸未八月，三千之数已满，复请性空辈，就家庭回向。九月十三日，复起求中进士愿，许行善事一万条，丙戌登第，授宝坻知县。

浅释

到"癸未"（发愿的时候是庚辰——公元1580年，从庚辰到癸未——公元1583年，共四年），才四年三千善就圆满了。前面三千善事十一年才圆满，第二次发的愿四年就圆满了。"复请性空辈，就家庭回向"，请法师们到自己家里的佛堂来做回向。

"九月十三日，复起求中进士愿，许行善事一万条"，他命里没有进士，所以现在要求中进士。命里面没有儿子，他得了儿子，这是他自己在这一生当中求来的。命里没有进士的学位，他能得到的话，这也是一个变数。云谷禅师教给他的完全兑现了，有了灵验。现在他许愿行善事一万条，"丙戌登第"。从癸未年的九月十三日发的愿，到丙戌（万历十四年——公元1586年）只有三年，他果然中了进士，"登第"就是进士及第。命里没有的，他又得到了。

"授宝坻知县"，朝廷分发他去做宝坻县的知县，这也是他命里没有的。他命里讲的，是到四川一个县做县长，命里没有说在京城附近。宝坻是京畿附近，当时的首都是在北京，宝坻县距北京很近，在北京的东南方，现在属于河北省。

余置空格一册，名曰《治心编》。晨起坐堂，家人携付门役，置案上，所行善恶，纤悉必记。夜则设桌于庭，效赵阅道焚香告帝。

浅释

　　这是叙述他做了官之后，用什么样的态度来处理公务，替老百姓造福。县长是朝廷选的，不是老百姓选举的。这个县长好！他确实断恶修善，积功累德。从做了县长开始，他每天准备一本册子——空白的本子，名《治心编》。这是对治心理、检点起心动念善恶的记事本。

　　"晨起坐堂"，每日处理公务，审问案子。因为从前的知县就相当于现在的县长，不但要管理县的行政，而且还要管县的司法；就是县里最高的司法官，案件都需要他来审查。不像现在行政、司法分开了，司法有法院法官处理。从前县长还要管司法、管审案、这叫"坐堂"。

　　"家人"，家里的佣人，这本册子都随身携带。"门役"，是县政府里的当差。门役就将这一册记事本放在他办公桌上。他每天做的善事，做的恶事，大小事都登记在其中。因为他许愿要做一万条善事，所以小善、大善都要登记，看看到什么时候这一万条善事才能圆满。晚上他还要设香案，就是在庭院里摆一个香案，把一天所做的事情向天帝、鬼神报告，不敢隐瞒在心里。

　　"效赵阅道焚香告帝"，仿效古人的做法，使得自己真正忏悔，身心清净，丝毫不敢隐瞒，这是佛家所讲的

"发露忏悔"。

汝母见所行不多,辄颦蹙曰:"我前在家,相助为善,故三千之数得完。今许一万,衙中无事可行,何时得圆满乎?"

浅释
　　从前没做官,工作不会太忙,所以太太帮助做善事容易。现在做官,住在官府里面——等于现在的公家宿舍。从前做官的住家与老百姓是不接触的,尤其是眷属和外面不接触,家人无法帮助他行善。想一想,所许的一万条善事要到哪一年才能圆满呢?这使他的太太发愁担忧。

夜间偶梦见一神人,余言善事难完之故。神曰:"只减粮一节,万行俱完矣。"

浅释
　　他白天动这个念头,晚上就有感应。晚上做梦,梦到一位神人,他就跟神明说:"我许的一万条善事,在公务当中修积善事,反而不及从前便利,这一万条善事很难圆满。"神就告诉他:"你所做减粮这件事情,你的一万条善事都做圆满了。"他的确做了这桩好事。

盖宝坻之田，每亩二分三厘七毫，余为区处，减至一分四厘六毫，委有此事，心颇惊疑。

浅释

　　他做了县长之后就把田租减少了。前一任知县时，收租是按照每亩田二分三厘七毫这个数字来收租的。"余为区处，减至一分四厘六毫，委有此事，心颇惊疑"——神怎么知道我减租？想想真的有这一桩事。他减租税的幅度很大，所以全县的农民都得到他的好处。这一个县何止一万农民得到他的好处？一万件好事不就做圆满了嘛！所以他自己也怀疑，怀疑两桩事情：第一，我做事情神怎么会知道？第二，做这一桩事情会有这么多、这么大的功德吗？所以诸位要晓得，俗语常讲："公门好积德。"一般人修大福德没有机会，袁了凡要没有做县长，他想做一万条善事那要多少年！今天他有这个机会，能够利于万民，一桩善事就抵得过一万桩善事。

　　公门里积德是容易，造罪也容易；一个政策如果不便利于老百姓，对老百姓有损害的，这一桩事就是一万条罪过。祸福确实是在一念之间！地位愈高，祸福造作的范围就愈广泛。一个国家的领导人，一个政策，一个善行，于全国老百姓有帮助，那就行了千千万万条的善事；一个政策有害于老百姓的，那他就做了亿万条的恶事。一般人没有这个机缘——不在位，行善、造恶都很有限，都不太大；得到这个地位，有这个机会，造恶、造善都不能不谨慎。行善，前途绝对光明；造恶，必堕三途苦报。为什么呢？他所造作的都比一般人来得深广，影响也大得多。

适幻余禅师自五台来，余以梦告之，且问此事宜信否。师曰："善心真切，即一行可当万善，况合县减粮，万民受福乎？"

浅释

　　他刚刚做了这个梦不久，恰巧碰到从五台山来的"幻余禅师"，了凡就把这件事情向他请教。并且问他："这个事情能不能相信？如果真的有这么一回事情，那实在是好！所许的一万条善事就圆满了；如果不能相信，这一万条善事得慢慢去做。"法师就告诉他，"善心真切"，确实是"一行可当万善"。

　　这道理在《华严经》上，所谓"一修一切修"，这是华严"事事无碍"的修学。为什么说一修可以一切修呢？如果这一修是见性的话，那就一切修了；这一修没有见性，那一等于一，一不等于二。如果一修要见性的话，一就是无量，无量就是一。

　　什么是心性？我们举一个浅显的例子来说。净宗讲的"清净心"，心清净没有一样不是，何止万善！一句"阿弥陀佛"称为万德洪名，我们逐渐明了事实真相，才觉得蒲益大师的话很有道理。他告诉我们，一句阿弥陀佛，无量无边的法门都包含在里面，万行都在其中。他说："岂知念得阿弥陀佛熟，三藏十二部极则教理，都在里许。千七百公案、向上机关，亦在里许。"前一句是把教下都包括了；这一句"千七百公案"，是禅宗也包括了。宗门教下，都在这句佛号里面。又说："三千威仪，八万细行，三聚净戒亦在里许。"持戒也在里面了。持戒就是守法，包括世出世间一切法。什么法门都在一句阿弥陀佛圣号里面——"一即一切，一切即一"，许多人不懂得。修到心地清净，那就是佛门讲的法门无量，都圆满了——圆修圆证。多少人尚不知道这一句阿弥陀佛的好处！

所以我们起心动念，诸佛菩萨、天地鬼神没有不知道的。这一念从真性里生出来，特别着重在真心；真心没有界限，真心没有边际，行再微小的一桩善事，与真心相应，再小的善也是尽虚空、遍法界。了凡还没到这个境界，了凡只是在事相上利于一县的老百姓。

"善心真切，即一行可当万善"，这是理。"况合县减粮，万民受福乎？"这理论了凡先生还不会，他的万善圆满是在事上修的。如果从性上修，就是真心上修，那一善是尽虚空、遍法界，不只是万善。纵然我们在街上遇到一个乞丐，布施他一块钱，这一块钱的功德"称性"。为什么？因为当时你没有人、我的分别，没有分别"他"是乞丐，"我"是能布施的人——能所双忘、三轮体空。一块钱的布施功德是尽虚空、遍法界，因为是性德的显露。今天布施千万、亿万，不如真心人布施一块钱的功德大。为什么？你布施千万、亿万是从意识心上布施的。意识心是有分别、执着、界限的，你突破不了这个界限。真心人一块钱虽少，他没有分别、执着，没有界限，就和虚空法界完全相等，这是不一样！所以诸佛菩萨修功德，我们没有法子跟他比，原因是用心不一样。境随心转，我们的心量很狭小，修再大的福德，分别执着的界限画在那里出不去。菩萨、阿罗汉边界没有了，所以他的一点点善事，就是无量无边地扩展出去了，达到尽虚空、遍法界。头一句讲的是理，我们要晓得这道理，念念功德圆满——圆遍法界，遍满十方，这个意境就不是凡夫所能想象得到的。了凡先生是从事上修的，事上修便利于万民。

吾即捐俸银，请其就五台山斋僧一万而回向之。

浅释

很难得，他立刻就能够将自己的俸禄捐献出来，到五台山去斋僧，供万人大斋。常讲"千僧斋"，他要打"万僧斋"，满他这一万条善事的大愿。"斋僧"就是请出家人吃饭。明、清时代四大名山出家众经常都有几万人，五台山一万人是少的，人数最多的是普陀山，普陀山僧众大约三、四万人。在明、清佛法相当兴盛时，峨嵋、九华大约有一万多人。所以他到那里去斋僧。

尤注说："足见其人当机立断慷慨布施，无丝毫牵强吝情处，宜其受福无量也。""宜"是应该。这样慷慨大方布施，没有丝毫怀疑、没有丝毫吝啬，自己所有的马上能够拿出去。了凡先生是个清官，不贪污。清官俸禄能有几何？这次请客，请一万人吃饭，大概把他那一点俸禄积蓄全部都拿出来了。他出身清寒，尤其相信因果报应，决定不敢取一分非法之财，所以这是很难得的，一般人做不到的。一般人虽做好事，总是抽出几分之几，有一百块钱，拿出一块钱做好事就觉得很满意了。不像袁先生，全都拿出来，这是很难得的。

孔公算余五十三岁有厄。

浅释

　　就是五十三岁寿命就到了。而且算得很准确,是八月十四日丑时,这一年有灾难,这一年过不去。

余未尝祈寿,是岁竟无恙,今六十九矣。

浅释

　　他写这篇文章是六十九岁。五十三岁那一年他没有求长寿,那一年也过来了,也没有什么灾难。没有求长寿,寿命延长了。由此可知,世间法里最大的就是生死大事,也就是寿命。连寿命都可以求得,何况其他的呢?功名、富贵、儿女,都可以求得到,这个求要如理如法地求,要从至心上求,从自己心地上求,没有一样求不到的。如果撇开了心地,从外面去求,那就是前面云谷禅师所说的"内外双失"。所以佛门讲的求福、求慧、求生净土;中国世俗所讲的是求福、求寿、求儿孙。多福、多寿、多儿孙,世间人求这个确实求得到,没有求不到的。我们知道了凡确实是添福、延寿、添丁,完全是超出他命里的常数,这是他一生修得的,不是命里注定的。

《书》曰:"天难谌,命靡常。"

浅释

"书"是《尚书》，五经里的一部书。《尚书》是中国最古老的历史，记载上古时代的典章制度。这两句话，见《商书·咸有一德》篇，《商书》里面的一篇。"天"是讲天命，也就是我们讲的定命。我们命运被人算定了，落在数量里。"谌"就是信的意思；天命难信。也就是常数是有的，但很难相信。为什么？它有变化。虽是一个常数，但它天天都有加减乘除。了凡居士断恶修善，恶的天天减少，善的渐渐在增加。做了知县，减粮这一节，这是乘法不是加法。这一乘，一万条善事没几天就做完了、圆满了。这就不是一一相加，是乘法。如果造大恶，那一下就除掉，不是一桩一桩减。所以我们起心动念，所作所为，的确有加减乘除，这就是很大的变数；常数有，变数就难信。常数决定是有，但不是呆板的，是会变的。

"命靡常"，《太上感应篇》明白地告诉我们："祸福无门，惟人自召。"祸福都是自己行业感得的果报。

又云："惟命不于常。"

浅释

这一句话也是《书经》上《周书·康诰篇》里所说的，也是说天命无常。告诉我们修德的重要，变数胜于常数。

皆非诳语。

浅释

古圣先贤这些教训都是真实的，所以我们尊称为"经典"。"经典"就是我们现代人所讲的真理，绝对是真实，不会改变的。这些教训应用在现代，还是真实的；若不信，凭着自己的意思，胡作妄为，只有增加过失。眼前纵然得到一点好处——何况所得到的还是命中有的，若不知修德，所得也保不住。不但财富不能常保，寿命都靠不住。命都保不住了，财富再多又有什么用？这个社会随时都有灾难，随时都可以把命丢掉。你想想看，其他的还有什么意义？纵然得到了也没有意义。《普贤菩萨行愿品》里说得很好，一个人在临命终时什么都带不去，你的家亲眷属、地位、威势、财富，没有一样你能够带得去的。能够带得去的是"十大愿王"，愿王常随不舍，引导你到西方极乐世界去。

佛门也说："万般将不去，唯有业随身。"这是很重要的警语。既然晓得业随身，业会随着我们走，就应该要努力修善因，不要带着恶业走。带恶业，我们就由恶业引导堕三恶道；善业引导生三善道；念佛的净业引导我们到西方极乐世界。比较比较、衡量衡量，我们就清楚了，这一生中应该要做些什么？所以眼光要看远一点，要看大一点，不要在眼前斤斤计较，不要计较这一生的得失。这一生时光非常短促，如果我们能在这一生中，多做一点好事，多利于一切众生，这个功德大了！

古圣先贤的话，我们读了要能够相信、能接受，依教奉行，所得的功德利益是自己受用不尽的。你不相信，你认为那是神话，靠不住，那是自己的业障。无比殊胜的因缘，就当面错过了。

吾于是而知凡称祸福自己求之者，乃圣贤之言。

浅释

这是了凡先生真正觉悟的话。大圣大贤有真实的智慧，把事实真相看得清清楚楚。诸佛菩萨是圣人当中的圣人。

若谓祸福惟天所命，则世俗之论矣。

浅释

这是讲常数。以前孔先生跟他算命是世俗之论，云谷禅师教他改造命运是圣贤之言。晓得这个道理，你还需要去算命吗？还去看相，看风水吗？不要了！相信圣贤之言，命运完全掌握在自己的手中，自己开拓美好的前途。

汝之命未知若何，即命当荣显，常作落寞想；

浅释

了凡先生的命是被人算定了。他的儿子没有给人算过，不知道他的定命是如何，实在讲也不需要算了。"即命当荣显，常作落寞想"，以下这一段开示，非常重要，是他教导儿子：纵然你命里将来是大富大贵、达官显要，也要常作落寞的想法。"落寞"即是不得志。为什么要作此想？因为以后纵然发达了，人谦虚，能够礼让，不会以富贵对别人起一种骄慢的念头。自己能谦虚，这是培养自己真实的福德。

即时当顺利，常作拂逆想；

浅释

样样事都很顺利时，也常常要想着遇到许多的困难。就是在顺利当中，还是要谨慎，还是要小心，不敢大意。诸葛亮一生成功就是在此——诸葛一生做事小心谨慎。

即眼前足食，常作贫窭想；

浅释

眼前衣食不缺乏，相当的丰富，可是一定要知道节俭。如果在富贵时能常常守住这一点，德行、善行都能够增长，中国历史上范仲淹就是如此。范仲淹出身非常清寒，年轻时在寺院里念书没有东西吃，每一天煮一锅粥（稀饭），把粥画成四格，每餐吃一块，过这样贫困的生活。到以后发达了，做了宰相（一人之下万人之上），他的生活方式还是保持从前穷秀才的生活，没有改变多少，只是小幅度的调整。他收入多，就想到很多贫苦的人，把他的收入救济那些贫苦的人。看他的传记，得知他曾养活三百多家。

一个人的收入养活了三百多家，你就晓得三百多家也只能糊口而已，都过很贫穷的生活。如果过得很富裕，他哪有能力养活三百多家！这是我们中国人中的大贤，印光大师赞叹——孔夫子之后就是他。他的子子孙孙一直到民国初年都不衰，这是他培育"百世之德"，才有百世的子孙保之。中国世家第一个是孔夫子，第二个是范仲淹。范家八百年不衰，都是积德积得厚，真正修行，真做！能够把自己的福报分给别人去享受，这是大福报。福报不要享尽了，分给别人享，后福就无穷了。一直到民国初年时，范家的子孙都能守住家风，都很好，在中国历史上像这样有大德的人家不多。印祖在《文钞》里说还有一个人，清初的一位叶状元，这个人一直到满清末年时，他的家业三百年不衰。由此可知，断恶修善、积功累德，才是人生第一大事。

　　即人相爱敬，常作恐惧想；

浅释

　　俗话讲"受宠若惊"，别人爱护我们是好，但是我们要自己想一想，我们有什么地方值得人爱护？值得人敬仰？唯恐自己的德能不够，这样想法是好——时时能回头，进德修业，不负众望。

　　即家世望重，常作卑下想；即学问颇优，常作浅陋想。

浅释

　　这些都足以戒除贡高我慢。慢是很大的烦恼,贪、嗔、痴、慢,傲慢与贪、嗔、痴有连带的关系,他从这里着眼下手,确实是断烦恼的好方法。断尽烦恼,性德才能够显露,这是真正修德有功。

　　远思扬祖宗之德,近思盖父母之愆;上思报国之恩,下思造家之福;外思济人之急,内思闲己之邪。

浅释

　　这以下的文字是这一章的总结,非常重要!立命的关键就在此。我们心里思的什么,想的什么,这是进德修善的典范。中国过去的教育,说的是人与人的关系,人与天地万物的关系。教你常常想,"远"要如何荣宗耀祖,"扬"是显扬祖宗之德。自己在社会上,道德、学问、事业能为社会大众所尊重,是祖先之光荣。今天社会努力精进的动力是什么?是名利。大家拼命去做。为什么?钱财在那里鼓励,在那里推动。如果没有钱财,谁肯去做?大家都不愿去做了!从前人努力勤奋工作,他的动力是孝道,他想到祖宗,想到父母——我一定要努力修善积德,使我的父母有面子,我的祖宗很光荣,这个动力比名利高尚得多。这是我们中国几千年来的文化传统,佛法也是建立在孝道的基础上,所以对于祖宗的祭祀,祠堂的建立,都非常重视,这是中国文化的大根大本。人能够孝亲,能够不忘本,自然能够心正行正,不会做坏事。

"近思盖父母之愆","愆"是过失。儿子孝顺,儿子对社会有贡献,父母纵然有一点小的过失,社会人士也会把它忘掉。父母有这么一个好儿子,大众都赞叹他父母了。这是孝子。

"上思报国之恩",国家对人民有君亲师的使命,保障人民安居乐业,国民应为国家尽忠。

"下思造家之福","家"是家庭,不像现在的小家庭;从前的家是家族,内外眷属,是一个大的家族。为子弟的要常思造整个家族之福,不是一个小家庭之福。所以一人有福,一个家族皆能享受。

"外思济人之急",从社会来着想,要尽心尽力替社会服务,为社会大众造福。在今日社会,最急者无过于伦理道德教育之复兴与发扬光大。

"内思闲己之邪","闲"是防止,防止自己的过失。"邪"就是邪知邪见,我们今天讲的妄想要知道防止,绝对不可有非分之想,起心动念都要知道本分。人人都能知道本分,能够守住本分——社会祥和,天下太平。《孟子》所谓"君子务本,本立而道生"。本是本分,守本分就是要尽义务。儒家所讲的本,是指五伦十义,就是要尽到我们在社会、在人生应该尽到的义务。应当做到的这些事情要认真去做,要努力去做,为社会、为家庭造福。

务要日日知非,日日改过。

浅释

"日日知非"就是觉悟,佛家所说的"开悟"——始觉、本觉、究竟觉。始觉就是"日日知非","始"是开始，是天天开始，所以从初发心到等觉菩萨，都是始觉。天天发现自己的过失、自己的毛病，发现了就改，这叫真正的修行——修正自己的见解、思想、行为，日日改过，这就是大圣大贤的真实修务。

一日不知非，即一日安于自是；一日无过可改，即一日无步可进。

浅释

我们要想改造命运，想离苦得乐，这几句话是关键、是锁钥，非常重要。一般人一生当中不能成圣成贤，修行得不到一个结果，毛病就犯在此地。天天知道自己的过失，就是天天始觉。一发现就把它改正过来，这叫功夫。真的改过，这是功夫得力。不必多，一天真的能知一过失，改一过失，三年之后你不是圣人就是贤人，这一点都不假。一天改一条过失，一个念佛人三年之后，不是上品往生，也是中上品往生，这是修学成佛作祖，你肯不肯认真去做？一天一条过失都没有发现，这是迷惑颠倒。不知道自己的过失，当然就无过可改，哪有进步！不进则退，自然堕落。"安于自是"——自以为是，是最可怕的生活。

天下聪明俊秀不少，所以德不加修，业不加广者，只为因循二字，耽阁一生。

浅释

　　这是真的，聪明才智的人很多。"所以德不加修，业不加广者，只为因循二字，耽阁一生"，"因循"是放逸、懒散、偷安，日子得过且过，我们常讲的混日子。这样一天天混下去了，这样过生活，就是定命。你命里面注定的——怎么生、怎么死，死了以后要到哪一道去，全按着定数安排。这就是云谷禅师讲的凡俗之人、庸俗之人，完全照着命运去走，也是佛在经里所讲"可怜悯者"。他教他儿子这一段，确实是世出世间修学用功，都离不开的原则。

　　云谷禅师所授立命之说，乃至精至邃至真至正之理，其熟玩而勉行之，毋自旷也。

浅释

　　了凡先生将云谷禅师教他改造命运的理论与方法，写出来传授给他的儿子，希望他也依照这个方法来修学。了凡先生依此修学，得到了很好的效果，所以对云谷禅师所说的理论与方法深信不疑。

　　"至精至邃"，"精"是精华、精纯、精彩到了极处；"邃"是深远、真实，绝对正确。

　　"熟玩而勉行之"，"熟玩"就是把它读熟深思，细细去体会，就是熟玩。常常思忆，常常去想，你会得到其中的法味，然后把它变成自己的行为，努力去做。

　　"勿自旷也"，"旷"是光阴空过，不可虚度这一生。

第二训　改过之法

题解

　　第一章是讲因果的理论，以下两章就讲命运怎么改法——恶要怎么改？善要怎么积？两章完全着重在行动。前一章是建立改造命运的信心，信了以后要去做；要怎么做法，这里给我们说得非常具体。

　　春秋诸大夫，见人言动，忆而谈其祸福，靡不验者，左国诸记可观也。

浅释

　　从此处可见古人学问的真实。《春秋》是鲁国的历史，孔夫子当年在世把它整理，做成了定本流传于后世。这部书有三个人注解，流传最广的是左丘明注的《左传》。今天所看到的《左传》就是左丘明所注解的《春秋》，(《春秋》是孔子整理的，并不是孔子作的。原来有很多材料，孔子重新整编，左丘明再加以详细的解释。) 除《左传》之外，还有《公羊传》《榖梁传》。在这三种注解里注得最好的，文章也好，记载也很翔实，是左丘明的《左传》。现在所流传的《十三经》，三种传都在其中。

　　"见人言动，忆而谈其祸福，靡不验者"，这是说古人听到别人的谈话、举止动作，就能判断此人的吉凶祸福，而且判断得很正确，后来都应验了。小则一个人成功失败，大的能看出国家的兴衰。这是确实的，我们在"左国"（《左传》和《国语》两部史书）看到很多。他们有这种观察能力，就是懂得因果报应的道理，你的言善、行善，稳重厚道，就可以判断你有福，这个人有前途；言语刻薄，行动轻浮，这人没前途。即使现在很得意，那也是昙花一现。这一举一动都可以看得出来一生吉凶祸福，所以心行言动不可以不谨慎。

大都吉凶之兆，萌乎心而动乎四体。

浅释

　　这不只是理论，也是事实。一个人、一个国家都是如此——事还没有形成，它就有吉凶的预兆，这种预兆都是在起心动念处，在所作所为处。所以头脑冷静、很有理智的人，能够观察得出来，预知未来的变化。他从众人心行中就能看到国家兴亡——"国者人之积"，你看这国家上上下下的人，他们每天想什么，他们每天做些什么，就知道这个国家有没有前途，知道这个国家的兴亡；我们一个家庭里的人，想的是什么，念的是什么，做的是什么，这个家庭的兴衰也就可知了；个人的吉凶祸福也在乎个人的行为。这些都有预兆。预兆很明显，看得清清楚楚，都显露出来，所以对一个有智慧、有学问的人是隐瞒不过的。

其过于厚者常获福，过于薄者常近祸，俗眼多翳，谓有未定而不可测者。

浅释

"厚"是厚道。厚道的人，心地厚道，行为厚道。能够损己帮助别人，这是厚道。对自己可以刻薄一点，对别人要好一点，这种人一定有后福。

"过于薄者常近祸"，对待别人刻薄，贪图自己的享受，这个人将来必有灾难。

"俗眼多翳"，俗人看不出这个预兆，像眼睛被遮住一样。

"谓有未定而不可测者"，好像一切吉凶祸福没法子预测，看不出来，其实吉凶祸福的预兆都摆在眼前。什么人才去看相算命？就是此地说的，"俗眼多翳"才会找人给他算算命、看看相。下面这一段就很要紧，是我们应当要留意、要修学的。

至诚合天。

浅释

这是大原则——我们一个人处事、待人、接物要用真心，不欺骗自己，不欺骗任何一个人。"天"就是佛法讲的真如本性。日常生活中妄念不生，常常保持着正念现前。"至诚合天"，现在这人纵然受苦受难，毕竟苦难很快就要过去，大福报要来。所以世出世间法的大根大本就是真诚。儒家讲学养，八条纲目里"诚意、正心"是重心,"格物、致知"是达到诚意、正心的手段,这两条不能做,虽然想诚意,也诚不了,就是做不到"至诚"。格物,物是什么?物是五欲六尘。财、色、名、食、睡要放下,如果不能淡泊,你的心会被外面境界所动,怎么诚得了?纵然不能把整个欲望舍掉,也要看淡。凡夫天天在打妄想,其实妄想无济于事,不如把这些妄想舍掉,把五欲六尘种种的享受舍掉一些,多替别人想想。我们有福,把福报都给别人去享,这个福报就大了,我们明白这个道理之后就要真做!

净空学佛,最初得力的就是《了凡四训》,朱镜宙老居士将此书赠送给我。我读了之后,想想年轻的时候和了凡先生一样,他有的毛病我都有。我也是短命,过去多少看相算命的,连甘珠活佛都说我短命,我相信。所以算命的说我过不了四十五岁,我很相信。因此,我出家学佛就把时间表定到四十五岁,因为我只有这么多的时间好修(我没有求长寿)。果然四十五岁那年得了一场病。当时基隆大觉寺,灵源老和尚举办结夏安居,灵老请我讲《楞严经》,我只讲了三卷,就生病了。自己想想寿命到了,所以也不找医生,也不吃药,天天在家念佛等往生。病了一个多月,也没有往生!病好了!这些年来依照这个方法修行,愈修行愈灵验,愈有信心。现在什么都舍了,舍干净就更自在了。

所以"舍"才会有"得",不"舍"就没有"得"。我们中国人说"舍得","舍得"这个名词是从佛经里来的,你能舍才能得,不能舍什么都得不到。这篇改造命运的文章也就是叫我们"舍";求呢?求也有助于得也。怎么求?舍了就得了,你所求的都能得到。首先要把妄想、执着舍掉。"至诚合天"是从根本上舍，舍自私自利——将利于自己的念头舍得干干净净，起心动念都是利于大众、利于社会、利于众生，这个人后福自然无穷。

福之将至，观其善而必先知之矣；祸之将至，观其不善而必先知之矣。

浅释

所以吉凶祸福都有预兆。福将要来了，看他的善心、善行——他能把自己的利益分给别人共享，这是善行，于是晓得他福报快到了。若只顾自私自利，夺取别人的利益，自己的利益与福报不肯与别人分享，他的福报是会享尽的。享尽了就没有了！灾祸就来了！所以只要看到他想的不善、做的不善，就知道他的灾祸快来了。一个人、一个家庭，大到一个社会、一个国家，乃至于整个世界，都可以从这个原理来观察。只要很冷静、很细心，没有看不清楚的。所以吉凶祸福、世界的安定动乱、国家的兴衰都可以预知。

今欲获福而远祸，未论行善，先须改过。

浅释

前面了凡举出吉凶祸福都有预兆。无论个人、家庭、国家，乃至于全世界都是有预兆的。这些预兆，唯有心地很清净的人看得清楚。有定功的人，不仅是佛门，就是道家、儒家、读书人，心比较清净的，也都能看得出来，定功愈深看得愈远。所以佛经里常常告诉我们，阿罗汉能知过去五百世、未来五百世，这是我们每一个众生的本能——本有的能力，应当是如此。现在能力丧失了，就是因为心乱了；被妄想、分别、执着、烦恼搞混浊了，使这个能力失去，佛法教我们是要把心地上的障碍、污秽去掉，恢复我们本能而已。

  前面说的道理明白了，要从哪里下手呢？这里开始要给我们讲真正用功下手的方法。我们每个人都想求福、求慧，都希望远离灾难，想得到幸福。"福"是从"行善"得来的——行善是因，得福报是果。可是业障要是没有除，福也不容易得到，所以先要把业障去掉。求有理论、有方法，世间一般人都在事相上求，都在常数里面求，那怎么可能求得到？现在虽然知道有变数，给我们带来了很大的希望，可是毕竟变数并没有立刻现前！如何能达到这个目的？先要修清净心。什么是善？心地清净是第一善，心地不清净，纵然修善，善里面有掺杂、不纯，所获得的福报很有限，就是讲消业障，也消得不够彻底，消得不很多。

  由此可知，心地纯善、纯净，非常重要。如何使自己心地恢复到清净？那就要改过，将自己的心地真正做一番洗刷的功夫。所以此处教导我们"未论行善"——我们还没谈论行善、修善的方法之前，"先须改过"，"须"是必须，这个字非常的肯定。那么过要怎么改法？这里提出几条纲领，这些纲领非常的重要。

但改过者，第一，要发耻心。

浅释

中国古圣先贤教导我们"知耻近乎勇"——儒家讲的大智、大仁、大勇。什么人是大勇？唯有知"耻"，才能真正改过自新，才能发愤向上。人要不知耻，那就没有前途了。我们不要跟一般人比，把标准提高一点，跟谁比？跟诸佛菩萨比。诸佛菩萨也是人，我也是人，为什么他能成诸佛菩萨，他能得到不生不灭，我们还要搞六道轮回？这是大耻辱！

思古之圣贤，与我同为丈夫，彼何以百世可师，我何以一身瓦裂？

浅释

如果我们能常常这样想，这样反问自己，"耻心"就能生，这是改造命运的开端，也是改造命运的动力。什么力量在推动？这是原始动力，不可思议的动力。了凡先生在此地所说的多半是世间法，世间有大圣大贤——孔子、孟子、周公、伊尹，都是我们中国古圣先贤。他是大丈夫！我也是大丈夫！（此地的"丈夫"没有男女之分，能为人之不能为，谓之大丈夫。）他是人，我也是人！他能做得到，我为什么做不到？要从这个地方去反省。

在出世间，别人证阿罗汉、成菩萨、成佛了，他们过去生中有无量劫，我们过去生中也有无量劫；为什么别人生生世世修行，成菩萨、成佛，我们生生世世修行，还是搞六道轮回？这实在是奇耻大辱！世间耻辱跟这里是不能比的。"百世可师"——世出世间圣人都是天人师，佛十个德号里有"天人师"——此处的"师"就是典型、模范。他可以做一切众生的模范，做一切众生的好榜样。再想想自己"一身瓦裂"，"瓦裂"是比喻，就是造恶业受恶报。

　　了凡先生的好处就是他对于自己的过失，丝毫都不隐瞒，他所讲的不是一般人的过失，是自己的过失。他发现了，能痛改前非，这是他的长处，他之所以能成就，关键就在此地。第一个大病：

耽染尘情。

浅释

　　"耽染"就是贪爱、贪恋，是清净心受了染污。"尘情"是五欲六尘；五欲是情，尘是指六尘，尘也是代表染污的意思。我们坐的桌椅如果一天不擦，上面就有灰尘，天天去擦拭是为除去染污。我们的清净心也被欲尘染污了——财、色、名、食、睡是五欲，起贪、嗔、痴、慢、疑，这就是染污。所以佛把外面境界——色、声、香、味、触、法，叫作六尘，就是这些染污我们的清净心，这就是病根。如果我们要恢复自性清净心，这些尘情要放下。世间人最难的就是放下！能放下一分，心就清净一分；放下两分，心就清净两分。菩萨所以有五十一个等级，实在就是尘情放下多寡不同，而分为五十一个等级。五十一分尘情都放下了，丝毫尘情都不染了，就叫成佛。若还有一分未放下，就是等觉菩萨。这个"尘情"就是业障。

净宗讲"带业往生"，所谓带业往生就是放下一些，没有放得干净，还留一部分。过去有人主张净土法门不是带业往生，是"消业往生"，震撼了全世界的念佛人。这种说法是错误的，与经义完全不相应。虽然在净土诸经里面找不到"带业往生"这四个字，可是意思非常的具足。读《无量寿经》，得知如果不带业，业都消了才往生——既然业都消了，何必要往生？等觉菩萨还带一品生相无明，就是尘情还没有断干净，还带一分业，所以菩萨叫"觉有情"。"有情"是什么？还有尘情；完全没有，就成佛了！

严格来讲，心地纯净只有一个人——佛，除佛之外，绝对没有心地纯净的。等觉菩萨还有一分生相无明，菩萨有尘情，但是没有前头那两个字——"耽染"。所以他叫"觉有情"，他是觉悟的有情。我们凡夫就是"耽染"很重，这是我们一定要知道的。

"带业往生"是祖师根据经义说出来的，与经义绝对没有违背，我们要相信。尤其净土法门，一品惑没有断也能往生。在过去、在现代我们看到许多念佛往生的人，这是真实的见证，这是证明。所以有些偏差的言论，我们要有能力辨别，不要受它的影响，要"依法不依人"，那是人说的，我们要依照经典来修学。

私行不义，谓人不知，傲然无愧，将日沦于禽

兽而不自知矣。

浅释

　　"不义"就是不应该做的，不合理、不合法、不合人情、不合道德、不合风俗习惯，这都叫不义。自己做不应该做的事情，以为别人不知道——实在讲是有些人不知道。哪些人呢？迷惑颠倒的人、心思蒙蔽的人。聪明正直、心地清白自在的人知道，这样的人绝对瞒不过他，何况还有天地鬼神。鬼神有五通（鬼神五通是报得的，不是修得的）；鬼神都知道，诸佛菩萨就更不必说了——我们六道凡夫起心动念，他们没有不知道的。所以我们念了经论与圣贤典籍之后，真的是寒毛直竖，没有丝毫能隐藏得住，想想还是发露忏悔才对！为什么？他们都知道了。我们不发露他也知道，还不如自己说出来好一点，我们心地比较能够得到一点平安。

　　"傲然无愧"，这个"傲"是傲慢，没有惭愧之心。"无愧"就是我们俗话说的"麻木不仁"，没有一点羞耻心，没有一点惭愧心；再说个不好听的，就是所谓"丧失天良"。做坏事常常还受良心责备，这人还是好人。虽然他外面瞒人，自己心里常常感到不安，这种人有救。做了坏事麻木不仁，这种人没救。若是尚有羞愧之心，这是有救的，可以回头的。

　　傲然无愧之人，"将日沦于禽兽"，他现在虽然是有人身的样子，他所造的恶业将来必定堕三恶道——他自己不知，诸佛菩萨、天地鬼神皆知道。在他运衰时，妖魔鬼怪会来欺负。妖魔鬼怪欺负人，要看什么样的人——将来生人天道以上的，他不敢欺负，对于善人不但不敢欺负,他还恭敬;对于造恶的人则常常讽刺他、讥笑他、欺负他,因为恶人虽然现在是人身、将来必堕恶道。

这些道理、这些事实只有真正学佛的人明了,明了之后,起心动念、一切行为自然就谨慎了。我们这一生不但决定不能堕恶道,也决定不能再搞轮回。如果我们不想再搞轮回,只有一条路——求生净土。所以对于取净土,一定要下很大的决心。净土如何取得?心净则土净——信愿持名、修清净心,也就是说'耽染尘情'要远远地把它舍离。当然不可能完全舍掉,完全舍掉就成佛了。我们舍的愈多愈好,不需要牵挂的就尽量不要去牵挂,把牵挂的念头转变成念阿弥陀佛,把自己身家的利益——身是本人,家是我的家庭,也就是起心动念都是念自家的利益的念头,把这个念头转变为利于一切众生,这样我们心就清净了。

诸佛菩萨与众生的差别,就在诸佛菩萨起心动念是想一切众生,没想自己;众生起心动念先想自己,不想众生。如果念念都想一切众生的利益,我执不刻意断,自然就渐渐没有了。我执要是没有了,在念佛功夫上就得"事一心不乱",往生品位就高了,可生"方便有余土",决定往生。我们要从这个地方下功夫,要认真地去做,所以眼光要远大,不要仅仅看这一生,不要只看眼前。我们眼前乃至于这一生,是非常之虚幻无常,经上讲的没错:"凡所有相,皆是虚妄。"要知道诸法无常,不值得我们去牵挂,在我们身旁的家亲眷属,我们要教他正法,要劝他如理如法地修学。

曾经有一位同修,他很着急——他的小孩想到国外去留学，出国留学很不容易。他自己住在巴黎，问我怎么办。我就教他，把一切妄念放下，全家念《无量寿经》、念阿弥陀佛，一定有感应。他说："这不行！我一定要把这件事情办妥，我的心才能放得下，才来念经、念佛。"我说："你如果这样想法，你这一辈子都没有指望。"他问："为什么？"我说："你的方法用错了，你今天所思考运用的方法，是你自己的业力，你没有三宝加持的力量。"会用三宝的力量，把自己的力量舍掉——我自己力量做不到，我有清净心求三宝加持，会有不可思议的力量，这个才重要！就是此地讲的，我们要用变数，不用常数；常数是命中注定的，变数是自己创造命运。

创造命运要从心地里面求，这个心是真心，不是妄心。成天胡思乱想的，那是妄心，妄心是在常数上，不是在变数上。一用真心，常数就改变了，我们在佛经上、在《了凡四训》里看得清清楚楚。所以求佛菩萨怎么个求法？不是跟诸佛菩萨谈条件——求诸佛菩萨保佑我发财，给我赚一百万，我供养你五十万，我们两个对分。这不行！诸佛菩萨怎么会答应你这个条件！所以世间一般人想利用诸佛菩萨，想利用三宝的力量谈条件——许愿都是谈条件的，这很有限，这是错误的，没有条件好谈的。最要紧的是恢复自己的清净心，这有最根本的理论依据。就如佛法中所说，六祖也讲得很好："何期自性，本自具足；何期自性，能生万法。"这已说明一切都是现成的，向自性里面求，没有求不到的——有求必应——因为自性本来具足，自性能生万法。三宝不过是给你做一个助缘而已，求得也是我们自性本有；自性里没有，三宝也帮不上的。"佛氏门中有求必应"，你完全相信，一点都不怀疑，要求什么得什么——求成佛都可以得到，何况其余的呢？所以大家一定要明理，"求"，一定能得到。世间人不知道，运用自己的聪明智慧，这就是佛经里面讲的"世智聪辨"。这不是求取功名富贵，实在讲是在造罪业（他自己还不晓得）。就是求得的，还是命里有的，你说这多冤枉！他所造作的罪业，将来必定有果报。

佛法里讲十法界，十法界中每一界又有十界，所以叫"百界千如"。我们现在是在人法界，这一法界里就有十法界。我们现在一心一意念佛求生净土，我们现在是在佛法界——念佛是因，成佛是果。现在修成佛之因，现在就在佛法界；我今天念菩萨，我今天修六度万行，就是菩萨法界；我今天念仁义道德，就是人天法界；我今天想尽方法想去赚钱，贪这个世间的物质享受，这是饿鬼法界；见到一切人、一切事都不顺眼，是地狱法界；糊里糊涂、迷惑颠倒、一天混一天是畜生法界。虽然现在都是人身，已经可以给我们分成十个不同的样子了。诸佛菩萨、天地鬼神看到我们的样子，他就知道是佛，还是菩萨，或是其他，他们清清楚楚、明明白白，所以每一界里都有十界。我们自己明白这个道理，知道这个事实真相，就晓得该如何去选择，这个权的确操在自己手上。

世之可羞可耻者，莫大乎此。

浅释

人家成佛、成菩萨，我们还在搞三恶道、搞六道轮回，这是太可耻了！世间"可羞可耻者"，没有比这个更大了。

孟子曰："耻之于人大矣。"以其得之则圣贤，失之则禽兽耳，此改过之要机也。

浅释

"耻"这字与人的关系太大了，为什么？"知耻"，这个人可以成圣成贤；"不知耻"，必定沦落三途。你看这个字与一个人的前途关系多么重大！

"以其得之则圣贤"，"得之"就是知耻；知道羞辱就发愤雪耻图强，能振奋起来。

"失之则禽兽耳"，"失"就是不知耻；不知耻就是小人，胡作妄为。在佛法讲，不知耻才会搞贪、嗔、痴、慢；知耻的人绝对没有贪、嗔、痴、慢，他晓得贪心堕饿鬼，嗔恚心堕地狱，愚痴堕畜生，有什么值得傲慢的？跟诸佛菩萨比差太远了！所以这些烦恼心自然就消失了。

"此改过之要机也"，"要"是重要，非常重要的枢机，也就是关键。把它摆在第一——要知耻。说得粗俗一点，就是善行善果不如人是羞耻，知耻一定奋发自强。希望发最上乘者，一齐来组成一个"知耻学社"，提倡知耻运动，唤醒大众，共创人类和平福祉。

第二，要发畏心。天地在上，鬼神难欺。

浅释

　　"天地"是指天神与鬼神。在我们上面的诸天天神有天眼通，我们一切动作他们皆看得很清楚；地下则有鬼神，鬼也有五通，能力虽然比不上天神，他们的感触比我们一般人还要强。鬼的智慧比不上我们，但是他能见、能听，这些能力比我们强。（也许你不相信，而认为鬼神有五通，应该是他们的聪明智慧比我们强才对。）现在科学家已经测验出来，很多动物它们的器官很特殊，譬如说狗——它的鼻子比人灵，我们觉察不出来的味道，它可以觉察得出来；狗的耳朵也比我们灵。它是畜生，它没有我们聪明。畜生里尚且有许多种能力超过我们，何况鬼神呢？所以鬼有五通是可以相信的。他为什么还受苦难？他智慧不如我们，福德多数不如我们。所以地上地下有鬼神，我们一举一动他们都清楚。

　　吾虽过在隐微，而天地鬼神，实鉴临之。重则降之百殃，轻则损其现福，吾何可以不惧？

浅释

　　我们纵然在很隐秘的地方，也就是说没有人看到的地方，做一点小小的过失，天地鬼神有天眼——我们的墙壁障碍不住，他们看得清清楚楚。真正可怕！这些众生的神通还是小的，因为距离我们很近，他们实在都看到。"鉴"就是看到，"临"就在我们面前。我们看不到他，他实在就在我们面前，他看我们看得清清楚楚。诸佛菩萨则更不必说了。诸佛菩萨是大慈大悲，看到我们做什么坏事，他心清净，他不会找我们麻烦；可是鬼神不一样，鬼神是凡夫，看到我们作恶，他生气，有时要找我们麻烦。诸佛菩萨无所谓，但护法神是众生，他看不顺眼，也要找你麻烦。因为护法神是凡夫，他没有成佛、成菩萨。鬼神更是凡夫，所以"重则降之百殃，轻则损其现福，吾何可以不惧"！我们有重大的罪恶，这些鬼神就要来惩罚我们，这就遇到一些灾难灾殃了。轻的——就是我们常说的折福。要是真正明白这个事实，怎么能不怕！

所以《无量寿经》里有好几段经文，读了真正叫人敬畏。西方极乐世界人数无量无边，个个"天眼洞视"（洞视就是没障碍，一点障碍都没有），"天耳彻听"，能力是尽虚空、遍法界——十方一切诸佛刹土，我们肉眼看不见的，他看得见；我们耳朵听不见的，他听得见。所以想想我们还有什么地方能隐瞒极乐世界的诸上善人？连那些人都不能隐瞒，又如何能瞒过阿弥陀佛、观音、势至呢？没有法子隐瞒！

我们真正明白这一桩事实，深知念佛求生净土，形式上的回向不回向是没有什么关系。我们的心愿他们都知道，不必嘴里讲："我要求生净土！"他们早就知道，起心动念时他们就晓得了。好好地念阿弥陀佛，这是真话，其他的废话可以不必讲了——求一心不乱、求上品上生、求生西方极乐世界，这才是第一等大智、大福德人。

不惟是也。闲居之地，指视昭然，吾虽掩之甚密，

文之甚巧，而肺肝早露，终难自欺，被人觑破，不值一文矣，乌得不懍懍？

浅释　　前面所讲是在一般时处，这里是讲我们一个人在私室独居时。一个人在自己房间里关起门来，有时就不检点了，可以马虎随便一点了，不知"慎独"功夫要紧。因为有人在，自己总会约束一点，没有人在就放逸了。

　　李老师讲过，古时候，好像是郑康成（郑玄）跟一些同学们在一起，有一次大家自我反省，提出自己有什么过失，把过失说出来。每位同学反省时都能把自己的缺点说出很多，唯独郑玄想不出来。最后大家问他："你再想想！"他说："我在想！"想了很久，想出来了——有一次上厕所时没有戴帽子，这就是我的过失。可见古人慎独的功夫，在自己房间关着门，衣服都整齐，像见宾客一样的慎重。现在人会说何必这样做作？古人他就是这样做法，这叫"慎独"。在他们的观念中，纵然是掩盖得很严密，天地鬼神也见到，如果马虎一点、随便一点就是失礼。隐秘之处也如临天地鬼神，所以态度是恭恭敬敬，不敢有一点放逸，就是讲这桩事情。

　　"闲居"是指私人的卧房，在里面也是"指视昭然"。虽在私室中，亦如十目之所监视、十手所指——就像在大庭广众之下一样的检点、一样的谨慎，不敢随便。

　　"吾虽掩之甚密，文之甚巧"，"文"是文饰，就是掩盖自己的过失，还用花言巧语去掩饰，其实是掩饰不住的。"掩"就是骗人、自欺欺人。实在是"肺肝早露"，"肺肝"是内脏，一般人看不到，可是天地鬼神都看得清清楚楚，是用这个来比喻。比喻我们在暗室，在卧室里面，一举一动、起心动念，天地鬼神没有不知道的。我们以为掩藏得很密，那不过是自欺欺人——其实早就被人看破了，看破了就一文不值。想到这里，怎么不害怕！

不惟是也。一息尚存，弥天之恶，犹可悔改。

浅释

人知耻，就有敬畏之心，就能改过，就能灭罪。我们讲"忏除业障"，学佛的人天天去拜忏，拜一辈子不但业障没消除，愈拜愈多，原因在哪里？他不晓得从哪里去忏悔。今天在寺院拜忏，就是此地讲的"文之甚巧"；他不是真忏悔，而是在掩饰他的罪恶，罪恶愈积愈重，所以愈拜忏罪愈多。真正修行是知耻、畏敬，我们能够在念头上转就好了。

"一息尚存"，只要一口气没有断。"弥天之恶"，"弥天"就是大恶，佛经里所说的五逆十恶——必堕地狱。这样的人在一口气没断时，有没有救呢？还有救——"犹可悔改"，他还能改过自新。他要是真正知耻，真正生敬畏之心，悔过发愿求生西方，一念、十念决定往生。

我们在《无量寿经》《观无量寿经》读到，在印度、在中国，在过去有这种实例。譬如唐朝时的张善和，他是屠夫，临终十念往生。在古印度有阿阇世王，我们在《观无量寿经》里读过，他杀父亲、害母亲、破和合僧，也是无恶不作（《大藏经》里面有一部《阿阇世王经》，释迦牟尼佛专讲这个人的因缘果报），他在临命终时，一口气还没断，他真正忏悔了，一心念佛求生净土，他往生的品位是"上品中生"，实在不可思议！

所以我们才晓得往生极乐世界有两种方式：一种是我们平常积功累德，平常修行往生的；另外一种是作大恶的人，临终忏悔往生的。所以我们不可轻慢造作罪业的人，说不定他在临终时忏悔的力量强，往生的品位比我们还要高，这是很可能的。我们俗话说："浪子回头金不换。"浪子一回头比一般好人还要好，平常一般好人比不上他，就是这么一个道理。所以对于恶人不可以存轻慢之心。

知道这个道理之后，我们决定不能存侥幸的心——造恶临终忏悔还可以往生，我现在多造一点恶不要紧，临终时还来得及。我们要是存这个心就坏了，存这个心可以说决定堕三途。诸位要知道，临终忏悔往生是很不简单的事情！表面上看是一生，其实他过去生中的善根、福德不知道有多么厚！在这一生当中他迷了，临终时他又醒过来了，这才行！过去生中没有深厚的善根（大家可以去参观病院，你就晓得了），几个人在临命终时头脑清醒？这是第一个条件。如果临命终时昏迷了，求忏悔的念头忘掉了，那不就往恶道去了！我们明了事实真相，决定不敢存这个念头。为什么？太难！太难了！真是千万人中，难得有一个临终时清清楚楚、明明白白的。这是第一个条件，没有这一个条件就办不到。我们能保证自己临终时头脑清楚吗？第二要遇善知识。第三要立刻回头，一心忏悔，念佛求生净土。我们能保证临终时这些条件都能具足吗？若不能，还是老老实实，平常积功累德，这才稳当可靠。净宗是万人修万人去的法门，但是尤注说得好："放下屠刀，立地成佛。苟有悔罪之心，便开自新之路。"这要愈早愈好，愈早觉悟愈好。赶紧回头，不要再造恶业了！

古人有一生作恶，临死悔悟，发一善念，遂得善终者。

浅释

这种例子很多，世俗、佛门中都有，如前所说。近代我们见得到的，美国首都华盛顿周广大往生。他虽然不是一个作恶的人，但给我们证明，临终遇到佛法，一念十念是可以往生的。周广大是一个经商的好人，不是个恶人。他一生没有遇到佛法，临终前三天才听到善友说西方净土。他听了很欢喜，没有丝毫怀疑就接受了，就发愿求生净土，一心念阿弥陀佛，这是他过去生中的善根现前。一发愿求生，他病痛就没有了，这是佛法讲的华报。真心一发，三宝就加持，虽然有病，没有痛苦；虽然病重，精神提得起来。从本身上来讲是自己的愿力、法喜——人逢喜事精神爽，特别有精神，这是本身的力量；另外是阿弥陀佛威神加持，所以他能提得起精神来念佛。念了三天佛，他看到西方三圣从云端下来，接引他往生。这是最近发生的事，如何不信？

诸位要晓得修行重实质，不重形式。周先生没有听过经，也没有读过经，没有受过三归，也没有受过五戒，不过是善友劝他念一声阿弥陀佛。真的！阿弥陀佛西方三圣接引他往生。修行重实质、重心地、重真心。

尤注说："修不嫌早，悔不嫌迟。临终安详，超拔之征。"临终悔过还是来得及的。凡是临终死得好，他来生去处一定好，这是可以断定的——好死好生，是一定的道理。所以人"好死"在我们中国是五福之一，五福最后一条是"考终"，这是讲安详——死得安详，没有痛苦，他来生决定是生三善道，决定不会堕三恶道。

谓一念猛厉，足以涤百年之恶也。譬如千年幽谷，一灯才照，则千年之暗俱除。故过不论久近，惟以改为贵。

浅释

这个事实儒、佛都说，可见得它是真的，绝对不是假的。改过要勇猛，真正勇猛地去改过，纵然是大恶，纵然是久恶，都能忏除。"一念猛厉"，就是真实地忏除业障，所以"足以涤百年之恶也"，"涤"是洗刷干净，"百年"是讲长久累积的恶业，都可以忏除洗净。

"譬如千年幽谷"，千年的黑洞，我们点一盏灯，黑暗就没有了，就照明了。"一灯才照，则千年之暗俱除"，这就把灯、光明比喻你勇猛改过的这一念心，就能够把长时间的积恶都洗刷掉。所以过失不论大小、不论久近，是"以改为贵"，我们一定要改过。

佛法里常讲："法器难得。"如果不是法器，决定不能续佛慧命。器是器皿，譬如这个杯子一定要干干净净，我们盛水才能饮用。如果这个茶杯不干净，里面有一点毒药，你盛满一杯水喝了，是要中毒的，毒就是恶业；要成法器，就是先要把我们的恶业淘汰尽，我们接受的佛法才能自利利他。

前面讲修福，为什么先要改过？这就是先使自己成为一个法器。诸佛菩萨、天地鬼神赐福，我们才能接受——真正是福，不会变质。如果自己接受的器皿不干净，烦恼重重，恶业很多，诸佛菩萨给我们的福会变成更毒的药，怎么能受得了！这就是先要改过自新，然后才能修福的道理。过要是不改，我们修的福是弥增大恶。为什么？没有福报，造的恶小，没有能力造；福报大，造的恶就更重更大，将来堕地狱堕得更深！堕得更苦！世间贫穷人，纵然想造罪恶，造不大；富贵人造的恶就比平常人造的都大，这也是一定的道理。明了修福先要改过，就是先要消灾。先不要求福，先消灾，然后修的那个福才能真正得到受用。如果自己积习不消除，我们要去修福，福来了往往造更大的罪业。真正善知识，真正好老师，传不传这种学生？不传！为什么不传？害他！这就是佛门讲的，他不是法器——不是法器不能传法。不是说这个人很聪明、很有智慧，举一反三就是法器，不是的。若这个人心地清净、善良，没有贪、嗔、痴、慢，这是法器，再笨都不怕。我们看倓虚法师《影尘回忆录》，后面有个晒蜡烛的出家人，他真是笨头笨脑，一点智慧都没有。但是他心地清净，他老实，他没有坏心眼。老和尚看中他了，他是法器，叫他去拜佛，去拜阿育王寺释迦牟尼佛的舍利，一天拜三千拜。他拜了三年，开悟了，悟了以后能作诗、作偈，辩才无碍，后来讲经说法，广受人欢迎。虽然自己有成就，生活很节俭，对人非常谦虚有礼。这就是法器，是真实的福报！所以传法能成就人，也会害人。自古以来，世出世间的善师、好老师，传法是要选择人才的。选人的标准，是德行第一，其他的不考虑，因为其他可以培养。所以我们自己如果想真正成就，在这一生真正往生，能够自利利他，一定要从改过下手，这是"惟以改为贵"。

但尘世无常，肉身易殒，一息不属，欲改无由矣。

浅释

这四句是劝勉我们要把握时间及时改过。世间无常，佛经上讲："人命在呼吸之间。"一口气不来就是隔世，想改也来不及了。知道这确实是人生第一桩大事，就要认真地去做，把握机会、把握时间，天天反省、天天改过，才是真正的修行。修行——就是修正行为，就是把自己错误的行为都修正过来。现在有许多人，以为修行就是每天念念经、拜拜佛、念念佛，就叫作修行。这样做与自己的恶习气毫不相关，完全流于形式，不起作用。我们念经是修行，念一个小时，这一个小时没有妄想，精神集中在经文上，甚至连经文的意思都不要去想，因为想还是打妄想。所以修行的目的就是修"清净心"，把妄想止住而已。念经、念咒、念佛都是这个目的，这是"修心"。心清净了，身就清净。

我们这些年来，真正体会到心清净、身清净就不会生病（平时饮食起居要谨慎）。身清净，境界清净，没有忧虑，没有烦恼，所以年岁虽长，不会有疾病，不会衰老。李炳南老居士是最好的榜样，他天天讲经说法，还有很多应酬，这就是说明能这么大的年岁，还保持健康长寿而不生病，六根聪明不输给年轻人，就是他的心清净、身清净。

明则千百年担负恶名，虽孝子慈孙，不能洗涤；

浅释

一个人作恶不知道忏悔，不知道改过，恶名流传到后世，孝子贤孙都没有办法为他洗刷。中国历史上，大家晓得曹操不善，其实秦桧才是真不善；这个恶名，后世子孙再怎么好，也不能从历史上替他洗刷掉。

幽则千百劫沉沦狱报，

浅释

这是我们肉眼看不到的——恶业必堕地狱，堕地狱是很可怕的事。佛经上讲地狱，时间长短有很多种的讲法。最浅显的，像李老师在《十四讲表》里所列的，那是我们很容易理解、很容易懂的，也是根据佛经上说的——地狱的一天等于我们人间两千七百年。中国人常自夸有五千年历史，若在地狱才不过两天。你想地狱有多么可怕！地狱的寿命，短命的都有一万岁。也算它一年三百六十五天，地狱的一天是我们人间两千七百年，可不得了！这个苦日子没有出头的时候，真是百千万劫难出头！在这一生当中，造作地狱罪业很容易，可是堕落下去之后想出来，就不容易了。所以我们要是深信佛讲的是真实话，我们怎么敢轻举妄动，造作一切重罪！

虽圣贤佛菩萨，不能援引，乌得不畏？

浅释

　　堕落在地狱，诸佛菩萨大慈大悲也没有办法度脱。地藏菩萨虽然是幽冥教主，能度得了吗？度不了！堕落在地狱里，实在讲是要有非常善根、福德的人，地藏菩萨才能帮他的忙——跟他说法，他即能悔改，彻底地悔改，这就超越地狱了。人在受非常苦难时，往往什么好话都听不进去；愈是受苦，恶念愈是增加，愈是不平，愈是怨天尤人，好话怎么听得进去！说了好话，他反而说你讽刺他，更恨你。人间受苦难的人尚且如此，何况地狱！所以往往受地狱苦，又造重罪，因此地狱果报很难超越，道理在此！地藏菩萨能度的是什么人？是真正有善根、有福德的人。这些人以一念差错，堕到地狱去了，这种人还有救。地藏菩萨劝他，他肯听，后悔觉悟了，就容易出来。若不是善根深厚、一念差错的人，是没法子救的，诸佛菩萨救不了的。看到这样子，想到这件事情，怎么会不害怕？

　　第二教我们要有畏惧之心。知道我们丝毫的过失，瞒不过天地鬼神，诸佛菩萨们人人皆知道。所以纵然在暗室，起心动念都不可有邪念。没有邪念，自然就不会作恶，这是一定的道理。所以改过要从心上改起。心善了，言语、行为自然都善；心不善，言语、行为装得再善，也是假的，不是真的。

第三，须发勇心。

浅释

勇于改过。前面第一条讲"知耻近乎勇"，知耻是开悟自觉，不知耻是迷惑颠倒；所以知耻是开悟的条件，勇猛是功夫的条件。知耻是从内心里觉悟——内心里真正觉悟了；畏惧是外力的加持，使我们不敢做坏事——就是自性里面的甚深惭愧。知耻是真正"惭心所"，畏惧是"愧心所"，惭愧是两个"善心所"。《百法明门》里十一个善法，就有"惭愧"。人能有惭愧心，必定有成就。印光祖师一生自号"常惭愧"，就是他常常怀着"知耻畏惧"的心情来修持，所以才能勇猛精进。真正做到，"须发勇心"。

人不改过，多是因循退缩，吾须奋然振作，不用迟疑，不烦等待。

浅释

"因循"就是得过且过，我们常说混日子、混时间。"退缩"，不进则退，这是一定的道理。不求长进，没有进取的心——进取须是在德行上。现代人也是勇猛精进——他是求五欲六尘，在贪、嗔、痴、慢上勇猛精进，而未知后果之可畏。世出世间圣人教我们要在道德学问上精进。道德学问比学术还要高，学问和学术不一样，学问是智慧，是从真如本性流出来的，就是佛法讲的"般若智慧"；学术在佛法讲是"世智辩聪"。我们今天勇猛精进方向错了，往六道、往三途里去了；世出世间圣人教我们的方向是超越三界、永脱轮回，与诸佛菩萨看齐，这就对了！所以"吾须奋然振作，不用迟疑，不烦等待"，我们明白这个道理，必须奋然振作，要奋发，要把精神提起来，勇猛精进。不要怀疑，不要再拖时间，说做就做，就从现在开始，绝无退缩。

小者如芒刺在肉，速与抉剔；

浅释

"抉剔"，"剔"就是拔掉。小过失就好像"芒刺在肉"。我们身上若有个刺，就很痛苦，总是想尽办法赶快把它剔掉。过失在心里比这个更痛，我们不能不觉察；不觉察就是麻木不仁——刺进去不知道痛就是麻木，我们现在皮肉没有麻木，良心麻木了。

大者如毒蛇啮指，速与斩除，无丝毫凝滞，此风雷之所以为益也。

浅释

　　大的罪恶，就好像毒蛇咬了我们的手指。毒蛇咬了手指，不要犹豫，赶紧把手指斩掉！为什么？不斩掉，毒一散开，必死无疑。这是比喻要下定决心，断一切恶。每天昏沉，提不起精神，是业障现前；妄念很多、烦恼很多、忧虑很多、牵挂很多，样样不能顺心，不能称意，都是业障现前的相。佛门常讲"业障"，什么是业障，我们自己要知道，自己要看得清楚。晚上睡觉做噩梦，是业障；生活习惯没有规律，是业障。要认真反省，要警惕！能把这些过失都改过来，业障就消除了。业障少的人，必然法喜充满、身心轻快、没有负担。业障少就是烦恼少；烦恼少，心地自然清净，常生智慧，于世出世间法，身心世界就看得清清楚楚、明明白白。自己要有决心，要能省察——先要把自己的过失找出来，勇敢地去把它改正过来。不要忧虑，不要害怕。

　　"此风雷之所以为益也"，末后这一句是引用《易经》"风雷益"这个卦相。《易经》六十四卦，"风雷"这个卦相就是"利益"，也就是今天所说的果断、决心。人能有果断、决心，改恶修善，说做就做，这才能得到真正的利益。没有犹豫，立刻改过自新，就是《易经》里"风雷"这一卦里所显示出的卦相。

　　具是三心，则有过斯改。

浅释

　　改过自新必须要具备这"三心"——知耻心、敬畏心、勇猛心。知耻是自觉——"惭心所",敬畏是"愧心所",具足惭愧,才产生出勇猛心来改过。由此可知,过失为什么改不掉?原因就是没有耻心与畏心,没有力量产生勇猛心。勇猛心是从知耻、敬畏里生出的,人不知耻也不怕别人笑话他,就没有办法修善了!

如何培养"三心"?我们现在为什么在一切经典里,选择《无量寿经》来让大家受持?一切经不是不好,没有《无量寿经》讲得圆满。《无量寿经》是事、理、因、果面面都说到了,分量也不多,现代人容易受持,何况这是一切经典的精华!

我们现在《早晚课诵》,是专为净宗学会同学重订的课诵本。以前的课诵本是古德所编的,他们编的课诵本用来对治当时人的毛病,果然有效;我们现在人的病跟从前人不一样,所以早晚课我们要修订。早课念《无量寿经》第六章,以求与佛同心同愿;晚课念其中三十二到三十七章,这六章是讲五恶、五痛、五烧,就是改过自新。每天念一遍,反省我们现在的毛病,认真地改过自新。念此六章经就是忏悔文,念了要警惕、要觉悟、要痛改前非,以求与佛同解同行,这样课诵就得到效果。所以要具足三心。

如春冰遇日,何患不消乎?

浅释

具足三心,有过即改。就像春天的冰——春天天气暖和了,冰薄了,没有冬天结得那么厚。"遇日,何患不消乎?"太阳出来冰就化掉了——就是智慧增长，业障消除了。

然人之过，有从事上改者，有从理上改者，有从心上改者，工夫不同，效验亦异。

浅释

尤注说："发耻畏勇三心为改过之因，示事理心三路详改过之法。"前面说的是理论，现在给我们讲方法。方法归纳起来有三大类，这三大类功夫不一样，改过的效果也不相同。先讲"事"——从事上改。

如前日杀生，今戒不杀，前日怒詈，今戒不怒，此就其事而改之者也。

浅释

"怒"是发脾气，"詈"是骂人。喜欢发脾气，喜欢骂人，恶言侵犯别人。"此就其事而改之者也"，这完全是从事相上改——把毛病找出来一样一样地改过。了凡先生从前也是在事上改，你看他行三千善事，十一年才圆满，那么长的时间，收到的效果也不太大。第二次他用了四年的时间行三千善事，求得一个儿子，费的时间还是长。实在讲，得效果如愿所求，这皆是从事上改的。

佛门里面，从事上改的就是"持戒"。大乘八宗、小乘二宗，大小乘的修学都是从"戒行"上做起——是从事上修的。尤其是小乘戒——小乘戒是论事不论心。大乘戒就不一样了，大乘戒如梵网戒。《梵网经》并没有完全翻译成中文，这是一部很大的经，传到中国来也只翻了全经最重要的一品——《心地戒品》两卷，上卷是讲菩萨心地，下卷是讲菩萨戒行。实在讲，重要的是在心地，上半部改过自新，从心上改；下半部是从事上改。当然，从心上改而能兼事是最上乘的。

强制于外，其难百倍，且病根终在，东灭西生，非究竟廓然之道也。

浅释

病根是心！"东灭西生，非究竟廓然之道也"，不是"廓然之道"——这不是根本之计。这是治标——头痛医头，脚痛医脚，病根还在，没有拔除。换句话说，身很像那么一回事了，心不清净；外表像样，心地不然，这在佛门里讲是小乘人。所以小乘人很固执，确实妄想可以伏住一些，分别、执着则相当坚固，没有办法舍掉。

善改过者，未禁其事，先明其理。如过在杀生，即思曰：上帝好生，物皆恋命，杀彼养己，岂能自安？且彼之杀也，既受屠割，复入鼎镬，种种痛苦，彻入骨髓。己之养也，珍膏罗列，食过即空，疏食菜羹，尽可充腹，何必戕彼之生，损己之福哉？

浅释

　　这一段是从理上改。我们要知道事实真相，想想它的道理，我们自然就不忍心吃众生肉了。前面不明道理，很勉强地做，这势必很难——强制执行，心不悦服，自己跟自己在斗争，相当痛苦，明理就可以将之化解。所以常常要想到——"上帝好生"，这是自然的。尤其现在科学也逐渐明白这个道理，所以讲自然生态平衡，自然生态就是此地讲的"上帝好生"之德。自然生态一定是均衡的，自然生态之平衡若被破坏，整个世界众生都遭难。所以有智慧的人不会破坏自然生态。

　　其实人在一切动物中是最坏、最残忍、最恶的。老虎、毒蛇只有在饥饿时，才伤害其他的动物。它吃饱了，别的动物在它旁边走来走去，它动也不动，由此可知，它杀生是不得已。人不一样，人并不是到逼不得已才杀害众生，是任意地残杀；畜生实在很少造恶业。我们想想，人造的恶业是一切畜生都做不到的，造的罪业太大了！因此，在六道中我们有什么值得骄傲！

　　堕畜生道很苦，但它不造业，它在消业障；我们得人身若不学佛，人身有什么好处？天天在那里造罪业。畜生消业，我们造业。它的罪业消了，它就出头了，生三善道；我们造业，业果熟时我们入三恶道。它们准备出来，我们准备进去，有什么值得骄傲的？这些都是事实真相，我们一定要明了。何况一切众生都贪生怕死，我们杀害它，是它没有能力抵抗。所以说弱肉强食——因为没有法子抵抗。虽然不能抵抗，它能甘心吗？它要是不甘心，怨恨一定存在，能免得了冤冤相报吗？

　　有一位同修来问我："超度婴灵（堕胎）有没有效？"

我告诉他："没效！你以为超度就没事了？"

他说："那万一这小孩生下来是个残障，那不是很痛苦？不如就叫他不生。"

"我们要晓得，生一个小孩残障，那是来讨债的。你欠他的债，还不让他来讨，还要杀他一条命。换句话说，你过去欠他的债，现在再加上命债，以后更不得了！现在科学家只看到眼前这一段，不知道后世的因果——因果通三世，这决定是大罪。"

他说："小孩还没有成形，只怀一、两星期。"

我说："不行！神识一投胎他就来了，成形不成形没有关系。他一投胎，他就找上你了，你跟他过去世就有瓜葛了——所谓报恩、报怨、讨债、还债。如果他是来报恩的，你把他杀害，恩将仇报，以后变成仇人；明明是孝子贤孙来报恩的，你杀害了他就变成仇人、怨家了！这还得了？不得了！你做一点功德，花几个钱，安个牌位就能超度？没这种事！那是骗自己，安慰自己，不是事实。"

所以诸位能真正看到前后因果——太可怕了！不可以不慎重，不能不明理，不可以不晓得事实真相。杀害众生来养自己，这是大过失！现在人认为这是正常的。有些宗教还认为是上帝供给他吃的。如果说这些众生都是给我们吃的，上帝就不成其为"上帝"了！上帝又哪里谈得上有"好生之德"呢？这一个错误的观念，使我们造作许多的罪恶，自己都不知道，这就是知见上的错误。一切众生被杀害时，被屠割时，你看到那状况——惨叫的声音，这就是它不服气。佛经里讲："人死为羊，羊死为人。"生生世世互相杀害报复。

所以说吃它半斤,还它八两;欠钱的还钱,欠命的还命——这是因果定律。

我们真正地相信、真正地肯定,我们决定不会有一念杀害众生之心。为什么?我不希望将来世世偿命。我们决定不会贪图不义之财。为什么?知道将来世世要还债。明白这个事实真相,人自然就安分守己、本本分分了。这绝不是消极、绝不是退转,是奋发精进。创造自己美好的前途。这一世好,来世更好,求得生生世世都好。没有智慧,不知道事实真相,是决定求不到的。

这一段文讲肉食,我们看到众生被杀害,那种痛苦的状况——"彻入骨髓",杀了它,拿来养自己,怎么忍心?何况"食过即空"。众生贪图美味,无论怎样去烹调,知道味道、享受味道的就是舌头,舌头以下就不知道了。为了三寸舌不知杀害多少众生!不晓得造多少罪业!

而"疏食菜羹,尽可充腹",要是说素食没有营养,吃素食长寿的人很多,吃素食健康的人很多;从小吃长斋的出家人,肥肥胖胖的、满面红光的多的是,怎么可以说没有肉食就没有营养?这都是错误的观念。杀害众生,吃它的肉养自己,不但跟众生结冤仇,还损自己的福报。一个真正的聪明人,绝对不肯干这种事情。

又思血气之属,皆含灵知,既有灵知,皆我一体。

浅释

　　一切动物不但有生命,也有"灵"性,跟我们人没有两样。除了诸佛菩萨之外,谁知道"皆我一体"?

　　纵不能躬修至德,使之尊我亲我,岂可日戕物命,使之仇我憾我于无穷也?一思及此,将有对食伤心,不能下咽者矣。

浅释

　　了凡先生一定是全家吃素,因为他晓得道理,他知道事实真相。现在人还有些错误的观念——我们大人吃素,认为小孩太小了,怕他营养不良,还要多多给他一点肉食。这个观念是错误的,这是怕他的业障太少,冤家债主太少了,多让他结一点怨业,如此而已。跟他讲,他不相信,还毁谤我们——头脑太旧了,不懂得科学,不懂得营养。其实不然,他真的错了!所以觉悟要趁早,愈早愈好;小孩愈小吃素愈好,他的福德根基厚。这正像《无量寿经》和《阿难问事佛吉凶经》所讲的"先人无知","先人"就是长辈;没有智慧,使我们不知不觉中犯下了过失,造了很多的罪业。单饮食这一条就不得了,罪业就很重了。

　　如前日好怒,必思曰:人有不及,情所宜矜,悖理相干,于我何与?本无可怒者。

浅释

　　过去喜欢发脾气，嗔恚心重。如果自己能认真反省，所谓"人非圣贤，孰能无过"，别人有过失，我自己也有过失；我不能原谅别人的过失，别人能原谅我的过失吗？想到这个地方，就不会有责备人的心了，反而有怜悯之心。"矜"就是怜悯。他无知、愚昧，才会犯过；对于真妄、邪正、是非、利害，没有能力分辨，所以不能改过自新，不能断恶修善，应当要怜悯他，不要去责备他，这是诸佛菩萨处事、待人、接物的态度。

　　"悖理相干，于我何与？"即使是无理的冒犯，与我也不相干。

　　"本无可怒者"，即使相犯——我这个身，身不是我。我们的清净心永远不接受侵犯的——清净心里本来无一物。我们今天处事、待人、接物，可惜没有用清净心，用的是妄想心；妄想心不是自己。佛门所求的"父母未生前本来面目"——本来面目是真心、是清净心。清净心里一念不生，清净心决定不受外境的干扰。所以与我无关，何必去计较？何必去执着？离开一切分别、执着、妄想，诸位想想，哪一物与我们相干？所以"本无可怒"。

　　这都是从理上去观察，所以说"心安理得"——道理明白了，心就安了，不会受外境所动了。外面什么境界，内心都不为所动——顺境里不起贪心，逆境里不起嗔恚心。顺逆境界里都能够保持自己的清净、平等、慈悲，这是真正的改过。

又思天下无自是之豪杰，亦无尤人之学问。行有不得，皆己之德未修，感未至也。吾悉以自反，则谤毁之来，皆磨炼玉成之地，我将欢然受赐，何怒之有？

浅释

这是教我们从心地上改，在方法上，这是最上乘。《华严经》善财童子五十三参，"历事练心"——就是从心地上改过修行，所以要自己认真去反省。

"天下无自是之豪杰"，"英雄豪杰"在佛门里就是称的佛、菩萨。佛是英雄，菩萨是豪杰。出人头地，一般人做不到的，他能够做得到，这叫英雄。所以佛的大殿叫"大雄宝殿"，"雄"是英雄——大英雄宝殿，就是这个意思。常人做不到的——不能改过自新，佛能改过自新，佛能把所有的毛病都改正了，这才是英雄，这才叫豪杰！所以没有自以为是的诸佛菩萨，大圣大贤没有一个不谦虚的，没有一个不忍让的；谦敬是性德的流露。

"亦无尤人之学问"，真正有学问的人不会怨天，不会怪人。学问是智慧，是从真性里流露出来的，儒、佛都是如此。儒家讲智慧也是从本性里流露出来的，所以儒家讲"诚意、正心"。诚意就是真心——是从真诚心里流露出来的，这是智慧，这叫学问。所以一个有学问、有智慧的人不会怪人，不会怨天尤人。

"行有不得，皆己之德未修，感未至也。""得"就是成就。在日常生活中，我们的言行还会有人批评，还会有人毁谤，这就是"不得"。不要怪别人，反过头来想自己，是自己的德学没有成就，还不能感动那些人。

所以"吾悉以自反"，人家骂我、诽谤我、批评我，都接受过来；不但没有报复的意念，还生感激之心。为什么？他提供这些宝贵资料让我回过头来反省——有则改之，无则加勉。我没有过，也不怪他；如果有的，赶紧改过自新。善财童子五十三参，他就用这方法，把一身的毛病改得干干净净，最后成佛了。

五十三参讲"历事练心"，事就是日常生活，与一切人、事接触，这一切的一切，都提供自己反省。把外面的境界，无论是任何人都看作是老师、是诸佛菩萨给我的教训，我要认真去反省，认真去修学；学生只有自己一个人，除自己之外，都是我的老师，都是我的善知识，都是诸佛菩萨；他们没有过失，只有我一个人有过失。善财童子是这样即身成佛的。你看《华严经》，善财童子并没有换一个身，他是肉身成佛——从凡夫一直修到究竟圆满的佛果，一生究竟成佛。他怎么修的？就是这么修的。如果我们学会这个本事，学会这个方法，我们这一生当中也必定是肉身成佛。修行首先决定不怨天、不尤人，看别人不顺眼，就是自己业障现前；别人是佛、是菩萨，没有一点毛病，我看不顺眼，是我的业障，是我的毛病。

六祖大师讲得很好："若见他人过，自过则相左。"左是堕落；右是升，左是降。是自己的业障现前，就要堕落。又告诉我们："若真修道人，不见他人过。"善财童子是真正修道人，没有见到一个人有过失。他只见自己的过失，反省改过自新都来不及了，还有什么时间看别人的过失？看不到！所以眼睛看到一切人都是贤人、都是诸佛、都是菩萨,自己也就成佛、成菩萨了;看到别人还有过失,就是自己的过失现行、业障现行。所以佛眼睛里看一切众生都是佛,凡夫看诸佛菩萨都是凡夫,就是这个道理。所以最上乘的改过自新是从心地上改。

"谤毁之来",是好事。自己有毛病,自己不容易发现,自己找都找不到,别人替我们找到,告诉我们,你看省了多少事!所以应当把它接受过来,这就是我"磨炼玉成之地"。他来帮助我,他是善知识,我们要用这样的心态来接受。"何怒之有?"你怎么可以愤怒?怎么可以不接受?还要生报复的心——罪过大了!他对你是大恩大德之人,你还要用报复心来对待他,这个罪过重大!

我们中国圣人讲孝,说孝道就会想到舜王。在中国历史上,没有一个不承认他是大孝——孝感天地。他这大孝,是什么人成就他的?他的父母、兄弟成就他的。他母亲死了,父亲娶了一个后母,后母虐待他,父亲又听后母的话,后母又生了一个弟弟,一家三个人欺负他。不但欺负他,时时刻刻都想置他于死地。这样的狠毒!他没有变心,总是自己常常反省:"为什么我得不到父母、弟弟的欢心?"总是想自己有过失,没有见到别人有过失。天天在反省自己的过失,如何改过自新,到最后终于把一家人感化了。他没有想逃家、出离,没有想到将来要报复;念念反省总是自己不对,从来没有想到他父母、他弟弟存心不好,对不起他。以后尧王知道他这些事情,把王位让给他,把自己两个女儿嫁给他,请他来继承王位——他能感动一家人,将来就能感动天下。

在佛经里我们看到"忍辱仙人",忍辱仙人谁成就他？歌利王成就了他。《金刚经》上虽然说到，但没说清楚，《大涅槃经》里讲得清楚。"歌利王"是梵语，翻成中文是"暴君"——所谓的无道昏君，梵语就叫"歌利王"。仙人在山中修行，他无缘无故地发脾气，把仙人凌迟处死；忍辱仙人丝毫怨恨的心都没有——"忍辱波罗蜜"圆满了，看不到外面恶人，看不到外面有一桩恶事。诸位想想，他的心清净到什么程度？这是我们要学习的。学佛学什么？就是学这个。

也许你说我们连善恶都不分，不是麻木不仁了？十法界因因果果摆在面前，清清楚楚、了了分明，但心里头干干净净，一点执着都没有；不是对外头不清楚，样样都清楚，可是绝对没有丝毫分别、执着。所以在他，"自受用"里是万法皆如；"他受用"时，因为众生有烦恼，必须要跟他讲层次、跟他讲原则，那是对众生说的。对自己——我、人、众、寿四相皆无，一切平等，决定没有丝毫差别；从平等法里面建立差别法，是为了帮助别人的。所以差别就是无差别，因为差别不是自己用的，是"他受用"。众生没有见性，要叫他断恶修善；自己入这个境界了，无有恶可断，也无有善可修，自己得到清净平等，契入一真境界——"无修无证"；"无修无证"里面，修证的事还照做，这就是空、有两边都不住。如果入了这个境界——事相上的修持都没有了，就落在"空"；执着在事相上不明究理、不见本性，就落在"有"。他"空""有"两边都不住，像大势至菩萨所示现的，"都摄六根，净念相继"；"都摄六根"不落有边，"净念相继"不落空边，这叫中道——空有两边不着。所以心地清净平等，万法一如，这一句阿弥陀佛，一天到晚还是不中断，还是照念不误——空有两边都不住。这是我们要学习的，这是真正修行，真实的修行。

又闻谤而不怒，虽谗焰熏天，如举火焚空，终将自息。

浅释

这不但是理，也是事。别人诽谤我们、侮辱我们，我们如果心不动、不理会，自然就没有事了。他骂我们，我们不要回答他。他骂！我就听；骂了几个钟点，骂累了就不骂了。谁吃亏？他吃亏。他口不断在动，很疲倦了；我们心清净，若无其事。这个方法对治是非常有效的。

我十几岁在学校念书，就学会这套本事，我这套本事实在是跟我一位同学学来的。因为我年轻时在学校念书跟了凡先生一样刻薄——喜欢挖苦人、戏弄人。可是我遇到一位同班同学——这位同学是我的大善知识。我处处欺侮他，大庭广众之中常拿他来取笑，他从来对我一句话不回，整整过了一年，我被他感动了。这个人真正了不起，真是打不回手，骂不还口。我从他那里学到这套本事，一生都得受用。所以不管人家怎么样毁谤、怎么说，到最后都烟消云散，对自己内心的修养也增加了。如果讲福报——一般人对你更加赞叹，某人真有修养！如果不是这些人来侮辱、诽谤，你的忍辱功夫就不能现前。他是来成就你修功的，何必不收？是送好礼来给我们的。

我们在一个机关团体里面，有这样的人对付我们，我们能以很清净的心应他，长官也欣赏你，同事也佩服你，你的升迁机会也就提早了。他送这么多好处给你，你为什么不要？你要对他恶言相报时，则两个人程度一样高。

　　我们从前在学校里，两个同学吵架，老师往往是一起处罚——两个都跪着！我们心里很不服气！明明我有理，为什么老师也叫我跪？到以后才晓得，凡是会打架、会吵骂的，程度是一样高；一个高一个低绝对打不起来、骂不起来的，这个很有道理。遇到这个情形，修养程度的高下马上看出来。所以遇到这些事，要晓得他是来送好礼给我的，他是我们的恩人，不可以恩将仇报。第一，是来测验自己修养功夫。第二，很现实的福报马上就来了——你将得到大众的赞叹、礼敬。所以他是来送礼的，他不是坏人，是好人，是真正的好人，不要错怪了他。

　　　　闻谤而怒，虽巧心力辩，如春蚕作茧，自取缠绵，怒不惟无益，且有害也。

浅释
　　这一段所说的不但是世间法，出世法里也非常重要。菩萨六度，有两条是关键。第一，是"布施"。布施是修福，人不能没有福，佛是更不可以无福。我们称佛为"二足尊"，足就是满足、圆满。佛是智慧圆满、福报圆满，世出世间论福报没有超过佛的。所以求福、求慧是应当的——我们自性里本来具足了无量无边的福慧。布施有三种：就是财布施得财富，法布施得智慧，无畏布施得健康、长寿。这都是一切众生所追求的，佛告诉我们种善因必定能得善果。

第二，是"忍辱"。忍辱能够保持，如果只有修施福，而没有忍辱，修积的福德保不住。《金刚经》上说"一切法得成于忍"。这一切法是指世间法、出世间法，要想保全，忍辱波罗蜜就不能不修。经上常说"火烧功德林"。什么火？嗔恚之火。若一发脾气，功德就没有了，所以功德的修积相当不容易。如果你想你的功德修积多少，想想上次是几时动过嗔恚心，一念嗔心起，火烧功德林；念佛人若在临命终时发脾气，那就完了。这就是说明，为什么人临终时，佛法教我们八个小时内不要去碰他；因为一个人虽然断气了，八小时之内，神识没有离开，你去触摸他，怕他发脾气。这时若发脾气，丝毫的功德都没有了，所以功德很难修积。福德则不会失掉，功德随时可以失掉。

功德是什么？功德是清净心，是定，是慧。诸位想想：一发脾气哪有定和慧？定、慧都没有了。至于福德，是我们讲的财富、聪明（世间的聪明是法布施的果报）。我们念佛，所修积的功德就是一心不乱、功夫成片。一发脾气，功夫成片没有了，一心不乱更没有了！所以要晓得功德是很难保持，一定要有高度的警觉。

我们修行，在菩提道上——就是修行过程之中，冤家债主常常会来作对。为什么？他们的报复心很强烈，看到我们修行要成就了，成就之后他就永远不能再报复了，所以总是想尽方法来障碍、来阻扰。这些障碍、阻扰的方法，就是叫我们自己把自己的功德毁掉——火烧功德林。自己要不肯毁掉，任何外面的境缘对我们是无可奈何。

所以有些人有"境缘"。"境"是环境，"缘"是人事。物质、人事环境常常叫我们不满意。不满意就发脾气，一发脾气就把自己的功德烧掉。谁叫我们不满意？可能都是冤亲债主在那里作祟。借着人事、物质环境的缘，他在挑拨。所谓说话的人也许是无心的，我们自己听了有意——自己听了就不舒服、就难过。不要说表面上发作，你心里稍有恚意功德就没有了。只是小小的嗔恚，为什么功德没有了？因为清净心失掉了，这是必须要明了的。所以世出世间法的成就都在忍辱，都在定功。"定"，不但是出世法修行的枢纽，世间法也少不了的。

"闻谤不怒"，这是定，这是智慧——定慧现前；"闻谤而怒"，那是业障现前。从这里可见到，我们是定慧现前，还是业障现前？自己要清楚。

这些境界好不好？对修行人来讲，是好的！常常有人来找麻烦，有些事叫自己不如意——这是好境界。若不从这种境界里去修，"定"从哪里修得成功？所以逆境、逆缘现前，正是自己修"忍辱波罗蜜"的时候，修忍辱波罗蜜的机会来了！所以感谢都来不及，怎么可以抱怨？怎么可以发脾气？这正是锻炼自己功夫的时候。

古人锻炼一个学生，首先用的方法，就是教他修"忍辱波罗蜜"。看到这个人是个法器——就是可以教的学生，对他就没有好脸色。会处处有意去找麻烦，好像很讨厌，这是看他能不能忍受——有意折磨他；他若不能忍受，离开了，就算了！不能忍辱就不能成就，虽然其他的方面很优秀，不能忍辱其成就也有限。

　　我们在《禅林宝训》里看到，有一位老和尚折磨他的学生，就是完全不讲理的。一见面就骂、就呵斥。有一次洗脚，洗脚水就泼在学生的身上，学生还是不走，还是要赖在这个地方。以后老和尚实在生气了，赶走！不让他住在这里。学生没法子，不能住了！于是他住在远远的走廊下。老和尚讲经说法时，他在窗户外一心谛听，不让老和尚看到。过了一年，老和尚要传法、要退休，要推选一位新的住持来继承他，大家不晓得老和尚要选什么人。老和尚要大家把在外面听经的那个人找过来，传法给他，把住持的位让给他。大家才晓得，这么多年来老和尚是为了要锻炼他。如果我们遇到小小不如意，就想掉头而去不愿接受磨炼，也就决定不会有成就；即使其他方面再优秀，也不能成就。世出世法成败关键就是忍辱——他能忍，他就有定；他有定，他就有真智慧，不会被外境所动摇。

　　有时候，我们看某人很优秀，在这儿住了没多久他走了，常住的人笑笑，无所谓。受不了折磨，不能成就。不能成就的人在常住多一个、少一个，一点关系都没有。所以有些眼光短浅的人认为某人是个人才，走了可惜！这是看得近，往深远处一看，不是如此。真正是人才——他有定功、有智慧。唯有定、慧才能续佛慧命，才能住持佛法；没有定绝对没有慧，定的前方便是"忍辱波罗蜜"，先有忍而后才有定，没有忍哪里来的定？这是我们一定要知道的。

　　一个真正有智慧的人，他知道这是个真正道场，是有道学可以学的，打都打不走。他没有学到手，怎么肯走？什么样的侮辱都甘心承受。为什么？必须学到手之后才肯走，没有学到手是决定不肯走的！这是真正求学的人！假使小小的一点不如意，他掉头就走，不能忍辱——没有用处的，不必去留他。

这一段文字非常的重要，息谤息争的妙法——就是根本不把它放在心里，再怎样的诽谤也就消失了。所以诽谤来，不可以争，不可以辩，愈辩就像此地讲的"春蚕作茧，自取缠绵"。用不着辩的！冤枉了！冤枉也用不着辩。

所以说"怒不惟无益，且有害也"，害是太大太大。如果做事，上司对于一个易怒之人是不会重用的，也不会提拔的。一个长官考核部属，往往在生活中，从他待人接物之处观察。这个人值不值得栽培？这个人有没有前途？他看到心里有数。易怒之人没有什么大前途，不值得栽培的，因为怒会害事。

其余种种过恶，皆当据理思之，此理既明，过将自止。

浅释

这四句是改过自新的最高原理、原则，大乘佛法就用这个方法，所以成就快速。小乘人改过是在事相上，事相就是枝枝叶叶，一个事情错了，下一次不要再错了。枝枝叶叶上改——难！而且很苦，时间很长，不容易收到效果，不如前面讲的从理上改。理上改比事上改高明多了！这是一般讲的大乘权教菩萨，权教菩萨从理上改。大乘实教（实是真实）法身大士从心上改——心是根本，万法唯心。

何谓从心而改？过有千端，惟心所造。

浅释

"过有千端，惟心所造"，善业、恶业都是心造的，十法界依正庄严全是心造的。《华严》说得好："应观法界性——就是十法界依正庄严，性就是本体，体即是心——一切唯心造。"大乘菩萨到地狱里度众生，用什么方法进入地狱？打开地狱之门？就是这一句偈。我们看《地藏经》，破地狱门，就是《华严经》这首偈。地狱是什么？"唯心所造"。明白这个道理，地狱原本没有门，但可以自由通达。

所以改过从心地上改，修善从心地上修。若从心地上修，就是很小很小一桩善事，像我们在路上遇到讨饭的，布施一文钱，这一点点小善的功德也是尽虚空、遍法界。为什么？这是自性大慈悲心的显露，心量是无量无边。因为是从心地上修的，福就是那么大，称性的。所以从事上修的善小，性德未显，得的福报也小。

怎样从心地上改？就是真心改。真心想要改，真心修善，真心断恶，这就是从心地上用功。心地法门没有什么应该不应该，理上还有条件，心地上功夫是不谈条件的。所以纯真无妄，一丝毫的善也称性。改过要从心地上去改，知道"一切唯心造"。

吾心不动，过安从生？

浅释

　　这是最高的原理——心清净了，无量劫来的罪业都没有了。要怎样达到"心不动"？不动心就是"禅定"，在念佛法门里称"一心不乱"。诸位要晓得，若得一心，罪业都消除了；起心动念，罪业又现行了。

　　譬如看电视，把电视机关起来，电视画面就没有了，荧光幕上干干净净，一打开画面又现行了。众生心中业相亦如是，心定的时候一切业相都不现行，心动时业障又现行了。我们要明白这个道理，知道修清净心，清净心是心里一念不生，禅宗六祖所谓"本来无一物，何处惹尘埃"。要晓得业障是在妄心里，真心里面没有，真心本来清净，现在还是清净。

　　像我们戴眼镜，眼睛本来清净，我们戴上眼镜，镜片上落有灰尘，看到外面模模糊糊的。这不是眼睛有毛病，是镜片上的毛病。所以我们讲业障，业障在哪里？业障是镜片上的污染，眼睛并没有障碍，大家要懂得这个道理。要是能把眼镜去掉，不但污染除尽，镜片也不要了——则净眼明见，好比明心见性就成佛了；你若戴上眼镜，隔着一层障碍看，就是凡夫，就是有情众生；除去障碍就是诸佛如来。

　　我们现前用什么心？用妄心，不是用真心——真心没有障碍。我们用肉眼来看一切，是戴上了妄心镜片看东西，透过一层"妄"来看外面的境界。这个"妄"就是八识五十一心所，这是重重污染的镜片。我们是透过八识五十一心所接触外面的境界，所以外面境界也变了，变成"六尘"了。如果不用八识五十一心所看外面的境界，外境即非六尘，而是"真如本性"。见性见色性，闻性闻声性，转六尘为真性——明心见性，见性成佛。

现在的大麻烦就是我们没办法把眼镜去掉——八识五十一心所没有办法除掉。佛家修学的宗旨都是教我们把这个东西舍掉——"转识成智"。智是真性起用，识是迷了真性的作用，就是八识五十一心所起作用，这是在功夫上说的。权教以下皆用八识五十一心所，阿罗汉、辟支佛、权教菩萨因此不能见性成佛。所以忏罪，有从事上忏，有从理上忏，没有办法从心上忏。为什么呢？他不知道心在哪里。如《楞严经》所说，你看阿难尊者那么聪明，心在哪里都不晓得，都找不到。楞严会上一开头，释迦牟尼佛问阿难，心在哪里？阿难找不出来，不知道心在哪里。不晓得什么叫作"心"，你从哪里忏起？

大乘实教菩萨，在圆教讲就是初住以上——《华严经》上讲的四十一位法身大士，他们修的忏悔法，就是从心地上忏悔。诸位读《华严经》就很清楚，特别是《善财童子五十三参》。你看善财童子怎么修？五十三位善知识，代表圆教初住一直到等觉菩萨。这些菩萨示现在人间，男女老少各行各业都有，人家是怎么修的？佛法真正讲修行，有理、有事，还做出样子给我们看，没有比《四十华严》更好。《华严》纵然不能全读，四十卷完整的《普贤菩萨行愿品》确实很重要。要晓得大乘最殊胜、最高级的佛法，如何应用在我们现代人的生活上，这是真实修行的一部好书，真正值得提倡。

依照这个原理、原则，古德常常开导我们，教我们修行要"发菩提心，一向专念"。你想想看，这"一向专念"有没有道理？教你一天到晚念这一句"阿弥陀佛"，把一切的妄念归成一念。这一句"阿弥陀佛"是善还是恶？非善非恶，善、恶两边都离开了，与心性相应了。善、恶是两边，识心心所里面才有两边，真心里没有两边。所以这一句"阿弥陀佛"念久了，自自然然就明心见性了，这是八万四千法门以外，修明心见性最殊胜的方法。

万一用的功夫不够，见不了性，见不了性也没关系，可以见阿弥陀佛，见了阿弥陀佛之后一定会见性。这是方便，是任何一个法门里面所没有的。其他的法门不见性，就不能算是成就；念阿弥陀佛不见性，见到阿弥陀佛就算是成就。从心地修——现在教给你一心念佛，就是从心地起修。你一心念这句"阿弥陀佛"，什么罪业都消除了。阿弥陀佛哪有罪业？这句"阿弥陀佛"是真善，真善不是善恶之善；善恶之善是相对的善，不是真善。真善是离开相对——绝对的大善。

　　学者于好色好名好货好怒种种诸过，不必逐类寻求。

浅释

　　这是举几个例子来说。过失有千万条，"不必逐类寻求"。学戒律的，从事上修的，他就要想：一天有多少过失？哪些事错了？慢慢在那里想，再一条一条改；天天要反省，还要搞功过格去记。这种对于很执着的人有效，非常有效！一切众生根性不相同，这是与过去生中习气有关系。大乘菩萨根性的人，绝对不干这种事情；小乘根性的人很欢喜，很受用。小乘根性的人叫他不用这种方法，他没办法。每个人的根性不相同，因此所用的对治理论与方法也不一样。

　　在中国大乘根性的人多，这是事实。像南洋、泰国、锡兰，小乘根性多，以其世代相传都是小乘法，都是样样要分别、执着、计较。他从事相上断恶修善；大乘是从理论上、从心地上断恶修善。从心上修，是从根本上下手，不必要在枝叶上寻求了。

但当一心为善，正念现前，邪念自然污染不上。

浅释

　　这个方法好！简单明了；如果没有真实智慧，你还是做不到。为什么？因为怀疑。以为自己一身的罪业，这样做能消除吗？他怀疑、不相信、不接受。甚至于听我们讲："你一心念阿弥陀佛，求生西方极乐世界。"他以为一身的罪业很重，怎能往生净土？哪有脸见阿弥陀佛？不但没有脸见阿弥陀佛，连寺院大殿塑的佛像他都不敢进去拜，总是认为自己罪业太重了，我怎么好意思见佛！这样根性的人，就教他用"事上忏"，他相信，他知道一条罪业，他能改一条，他的心能安，这样就很好。

　　能够接受净土法门，真的是经上所说的"大善根、大福德、大因缘"。不是最上乘根性的人，不可能接受念佛法门。因为接受念佛法门，无始劫以来的罪业，念佛就消除了。西方极乐世界诸上善人聚会一处，生到西方极乐世界就是诸上善人之一——文殊、普贤、观音、势至诸上善人，你往生到那里，就跟他们是同等人物。小乘根性的人不敢承当，怎么敢跟观音菩萨并肩携手！所以念佛法门——黄老居士的《无量寿经注解》里讲是度上上根的人。什么人是上上根？能信、能愿、肯念佛的人是上上根。禅宗六祖大师是度上上根人，殊不知净宗的上上根超过禅门上上根。六祖大师度的上上根还保不住，还会退转；净宗的上上根人决定不退转，圆证三不退。六祖大师的上上根，只是证三不退，不是圆证三不退。所以说在一切法门里，确实无与伦比。念佛法门殊胜！遇到念佛法门幸运！也是自己生生世世修学的善根福德累积成熟，不是偶然得来。你很幸运！你的运气好！不是这样的，是多生多劫善根、福德、因缘在这一生成熟，我们才遇到。

"一心为善"，"一心"就是决定没有二念。"正念现前"，这个"正念"是第一念、绝对正念、无上正念——就是念这句"阿弥陀佛"，一心一意去念佛，一心一意求生西方净土。改过最妙的方法、灭罪消业障极妙的方法，就是"无念"。无念是无妄念，不是无正念；正念要没有了，那就堕到无明了。所以是无妄念，妄念就是分别、执着。这功夫不是普通人能做得到的，但是在念佛人来讲，是人人都可以做得到。

什么是"正念现前"？就是这一句"阿弥陀佛"，这一句"阿弥陀佛"就是最真实的正念、无上的正念，要把它认清楚！这一生中唯一的一桩大事，就是保持正念现前，希望自己不要落在邪思邪念上，念念都是阿弥陀佛，二六时中不间断。诸位如果能够从这个地方下手，三个月见效。你一天到晚保持着"阿弥陀佛"这一念，有这一念，当然你的妄念就少了。妄念不可能没有，一定是有的。有，不要怕！阿弥陀佛这个念头占得多，妄念占得少；十个念头里有六、七个是阿弥陀佛，有三、四个妄念，不在乎！没有关系！你不念阿弥陀佛，就全是妄念。念上三个月就有效果——阿弥陀佛之念多了，妄念少了，心自在了。心里安宁了，法喜现前了，这就是业障消除的现象。本来是忧郁烦恼，前途黯淡；现在欢喜，显得有智慧，生活有情趣、有信心，前途充满了光明，与从前不一样了。

要继续念上半年，效果更大，信心更坚定。真正想到西方极乐世界去，三年是可以成就的。自古以来往生西方极乐世界，用三年功夫成就的人不知道有多少！有一类根性的人，说："这个法门不能修！三年就死了，这不行！"那还谈什么呢？所以说真的，有许多人不敢修，不敢修的人贪恋六道，舍不得六道轮回。这就是眼光短浅，不知道到了西方极乐世界受用自在快乐，人间天上、诸佛世界皆不能比。这样好的地方不想去，还愿意在这里受苦受难，还有什么话说？就不必讲了！

真正有志气、有眼光的人不能不晓得，我们一心一意求生净土，求见阿弥陀佛，才是究竟圆满的成就。自是身心世界一切放下，永离一切分别、执着，再没有一桩事情值得牵挂，值得留恋的。生活随缘而不攀缘。你说多自在！多快乐！自己真正成就了。这是世人想不到的——转烦恼为菩提，生死自在——不是我们寿命到了才往生。而是随意往生，想去就去。如果你觉得这世界上还需要住几年，也不妨多住几年。只有一个道理——

还有些人与我有缘，要我劝他们一同去，所以那时住在世间是来度众生；如果为自己，则早到西方极乐世界去了。留在此地，是为了帮助一切众生，为了宣扬这个法门，不妨多住几天。假如念佛法门有人继承，有人在这里继续宣扬，那我把担子交给他，我可以先去了，大事因缘让给他们去做，何等的自在！所以诸位要晓得，"三年成就往生"的是他没有法缘，没有法缘他就决定走，他决定不会在这地方多耽误一天。不能走那是没有法子，无可奈何，能走的人决定是走了。

诸位只要真的这样念法——不怀疑、不夹杂、不间断，一心称念，三年决定成功。你看谛闲老和尚有一位徒弟，就是一句"南无阿弥陀佛"，他什么都不懂。出家剃了头，老和尚不准他去受戒；他不认识字，也不要他去听经；甚至于不要他住寺院里，住院里跟大家一块工作，他年岁大了恐怕他受不了；别人会欺侮他，他要不能忍耐，天天发脾气，就不好了。因此把他送到宁波乡下没有人住的小庙，让他一个人住。一天到晚念阿弥陀佛，这样念了三年，预知时至往生。他凭什么本事？就是"一心为善，正念现前"。真正做到了老实念佛！不是平常人能够跟他相比的。他成功了，他只有往生，因为他没有能力去弘法利生——他不识字，没有基础，他念佛成功就走了。他没有生病，没有痛苦，自己知道什么时候走。而且站着走，走了以后还站了三天，等谛闲老和尚给他办后事。不简单！不容易！这是我们念佛人的榜样。你说这个法门不好，哪一个法门能有这个样子给我们看呢！哪一个法门临走的时候，清清楚楚、明明白白，站着走，走了以后还站了三天，等人家替他办后事。这是我们真正的见证。

　　我教给诸位的方法，就是"一心念佛"。我们身体还在这个世间，不能没有生活，当然要工作；工作放下来就念佛。工作时专心去工作，工作一放下来，佛号马上就提起来。甚至于在工作时，只要不用思考，也可以念佛；或者是放录音带的佛号。工作时可以听佛号。若工作需用思考，就放下佛号专心思考；不用思考时，工作也可以念，也可以听佛号。把念佛当作我们一生中第一桩大事，其余的都是鸡毛蒜皮，不值得牵挂的——这就是从心地上改、从心地上忏罪。会修行的人一定是把根本抓住，从根本修。

　　如太阳当空，魍魉潜消，此精一之真传也。

浅释

　　"魍魉"就是妖魔鬼怪。光天化日之下，妖魔鬼怪不能出现。"此精一之真传也"，我们讲改过自新，这是精华、"精一"。"一"是纯一，"精"就是精纯——这是"真传"。诸佛如来确确实实有真传之宝，可惜很多人不相信。《弥陀经》《无量寿经》是诸佛如来度众生成佛道的唯一真传，几个人相信！

　　过由心造，亦由心改，如斩毒树，直断其根，奚必枝枝而伐，叶叶而摘哉？

浅释

"枝枝而伐,叶叶而摘"就是一枝一条地砍下来,叶子一片片摘下来,这譬如从事上改。事上改的是枝枝叶叶,心上改的是连根拔除,所以要知道改过的诀窍。窍门在哪里?我们要用什么方法来改?藕益大师的开示,诸位若能熟记,依教奉行,就是从心地上改——确实无量劫所有的罪过都改掉了,这一句"阿弥陀佛"将一切罪业全都改掉了;世出世间一切善法,一句"阿弥陀佛"都圆修了。一修一切修,一改一切改,就用这一句阿弥陀佛,不可思议!大家要深信。有许多人怀疑,恐怕这个法门不太可靠,或者还有比这个更好的。我听了笑笑,跟他合掌念"阿弥陀佛"就好了!不可受他的影响。

大抵最上者治心,当下清净。

浅释

从心上改,这是"最上"。"当下清净",就是我刚才跟各位讲的,你如果能够一切放下,一句阿弥陀佛念下去,三个月,六个月,你的心就清净了,效果就现前了。纵然弘法学讲经,我也常勉励大家学讲一部经。你每天念一部经,读一部经,三五个月心得到清净;若同时看很多经,三五年得不到清净心,没有用处。这个秘诀就是"专精",知道的人也不多。

真正学佛,愈学心愈清净,愈学烦恼愈少,愈学无明愈薄、智慧愈长,容光焕发、身体健康,这才是功效!

所以要牢牢记住莲池大师讲的："三藏十二部，让给别人悟。"我们办图书馆，书是给别人看的，不是给自己看的，大家要记住！为什么要给他看那么多书？因为他不相信；不相信，就给他去看。他要走广学的路，让他走；我们走专精的路，跟他不一样。他们改过从枝叶上改，从事上改；我们改过是从心地上改。从此处就看出，智慧不相同，见解不一样。

才动即觉，觉之即无。

浅释

这是讲从心上改的。"动"就是烦恼，就是业障；"动"是心动了，心里有念头，心里有妄想。才有妄想、才有念头，马上就知道，知道了即转成阿弥陀佛。我们六根接触六尘境界，心一动，不管你是欢喜、是厌恶，不管是善念、是恶念，只要念头才动，第二念就转为"阿弥陀佛"。真正修行人念六个字、四个字"阿弥陀佛"都可以。妄念一动，第二念"阿弥陀佛"就是"觉"，觉而不迷。第一念迷，第二念觉；觉要快速，决定不能让迷继续增长，效果就大了，这是真正的开智慧。

如果你能坚持半年、一年，智慧开了，眼睛就放光——六根聪利，世出世间法一接触就通达、就明了。人家要看多少书、看多少资料，还要找多少世界的资讯，才能够判断，还未必能够判断正确；你什么都不要，你一看就明了、就通达，绝对正确，没有错误。这种本事世间人没有，这是诸佛菩萨的本能——佛教给我们求真实智慧!

发心弘经,最要真诚、清净、慈悲,不必还要找参考资料来研究怎么讲法。不要落到第六意识,也许错解了如来真实意。我说过很多次,经典是没有意思的;我们在这里想经中意思,三世佛皆喊冤枉!所以只要老老实实去念,不要求意思;没有解释、没有讲法,老老实实念,把心念清净了,自性里的智慧就能现出来。人家要来问经义,你跟他讲,讲出来的是"无量义"。不求意思,"无量义"都显示出来了,无量义是你自性里的智慧显现。所以展开经本,深讲、浅讲、短讲、长讲,自会恰到好处。讲完了之后,人家问你:"你讲些什么?"真的不晓得,真的不知道。为什么呢?你不问,什么意思都没有;一问,即生起来了。生起无量义是"他受用",没有意思是"自受用"。"自受用"就是清净心、一念不生,唯有一句阿弥陀佛;讲经说法是他受用,不是自受用。所以讲出去之后何必还要记住我讲些什么?不知道,心才干净!

永远保持清净心,清净就是"觉";染污是"动",心动就染污了。换句话说,你心里有念就是染污,无念就是本觉;念这一句"阿弥陀佛"就是始觉合本觉。念佛法门确实不可思议!念这一句"阿弥陀佛",念念都是始觉合本觉,这是真正修行!

所以经只要念《无量寿经》《阿弥陀经》就可以了;《阿弥陀经》和《无量寿经》两种都念也行。念一种也行,其他的实在没有必要了!为了要讲经,要利于别人,可以念《无量寿经》的注解,念《弥陀经》的注解——《阿弥陀经疏钞》《阿弥陀经要解》。《疏钞》尚有《演义》,非常圆满,正是藕益大师所赞叹的——博大精深。念《弥陀经疏钞演义》就等于念了一部《大藏经》，因为莲池大师引经据典，遍及世出世法，实在是非常丰富。藕益大师的《要解》有圆瑛法师的《讲义》、宝静法师的《亲闻记》。弘扬净宗，依这四本注解就够了，《无量寿经注解》是黄念祖老居士写的。这四种你把它念通了，不但所有净土经论全通，连这一部《大藏经》也通达了，无论哪一宗、哪一派没有一样不通。不能搞多，搞多了心决定杂，心杂乱自然不生智慧。所以诸位发心弘扬净宗，这四本书就够了，多一样都不要看。不要说我看得少，我没有材料讲；没有材料少讲一点！何必一定要充数呢？愈少愈精，愈精愈妙，不浪费听众的时间，若搜集好多材料，凑起来像大拼盘，吃了什么味道也不是，浪费自己的精神，也耽误别人的时间，这是过失！

苟未能然，须明理以遣之。又未能然，须随事以禁之。以上事而兼行下功，未为失策，执下而昧上，则拙矣。

浅释

假使我们做不到最上的治心，那就不得已而求其次——"须明理以遣之"，遇事时冷静地想它的理；通情达理以后，人心自然就平息了，妄念就会减少，愤怒可以化除。

"又未能然"，这是对初学的人讲。初学的人对理也搞不通，怎么办？就要在事上加以禁止，寻枝摘叶，一条一条来对治；不对治会出麻烦，会造成更重的罪业，招来更苦的果报。所以对初学的人，要求他严守戒律，因为他还不能明理；戒律的精神就是"防非止过"。

"以上事而兼行下功，未为失策"，已经得清净心、已经明理的人，他在事相上，都能受持，这是最好的。确实自行化他——自己心地清净了，又做了一个榜样给初学的人看，所以说是"未为失策"。

"执下而昧上，则拙矣"，有一些人死在戒律条文里，执着在事上修学，不能把自己的境界向上提升，这是愚昧笨拙之人。其实戒律是活的；持戒清净要明理，更要求的是清净心。持戒的目的在得定，定就是清净心。要是执着在事上修，则不能得定——天天分别事相、执着事相，怎能得定？离开分别、执着才能得定。定还是手段，所以执着在定还是不行，还是开不了智慧。

二乘人执着在"定"。佛在《楞严经》里讲阿罗汉的境界，阿罗汉所证的是"九次第定"——偏真涅槃的境界"内守幽闲"。"守"就是执着、放不下，守着幽闲的境界——"犹为法尘分别影事"，他还是分别执着"灭法尘"。譬如讲断烦恼，小乘人完全从"事"上断，有时亦兼"理"，而非从"心"上断。所以断见思烦恼，需要天上人间七次往来，经上讲"其难如断四十里瀑流"——四十里瀑布，一下挡住叫它不流，你看多么难！从"事"上去修就这么困难，此是前面讲的寻枝摘叶。

要把树砍掉，怎么砍法呢？先把叶子一片一片摘下来，再把枝条一条一条砍掉，慢慢再去挖根，这种事情多麻烦；树是除掉了没错，费的功夫太大了！聪明人只要把树根挖掉，树叶自然就枯掉了，何必枝枝叶叶去断？所以聪明人是从根本上拔除，愚人是从枝叶上去折伐，这是比喻改过应从心上改。

顾发愿改过，明须良朋提醒，幽须鬼神证明。一心忏悔，昼夜不懈，经一七、二七，以至一月、二月、三月，必有效验。

浅释

我们要发耻心（知耻）、畏心、勇猛精进心，这三心是改过的"亲因缘"；还得加上"增上缘"。就是要有好的同参道友提醒我们，在外面帮助一把，这是明的"增上缘"。因为已有一念善心、一念真心想改过自新，诸佛菩萨欢喜，一切善神恭敬赞叹，所以冥冥当中会有诸佛菩萨保佑，龙天善神拥护。可见得一念善心确实有不可思议的感应；因缘具足，就要真正在事上去修改。

"一心忏悔，昼夜不懈"，如果一懈怠又造罪恶了，决定不能懈怠！所以念佛堂最好的是佛号昼夜都不断。古大德祖师的念佛道场，分四个人为一班，四个人在佛门称"一众"，轮班念佛，所以佛号昼夜不间断；晚上轮班，白天大众依仪规一起念。

现前我们虽然没有殊胜的因缘，可是可以利用录音带，跟着录音带念，也跟大众一样。佛号声音不要太大，太大会吵到别人，自己能清楚听到就好，晚上睡觉都开着。有时做梦也听到，梦中也念佛了，就是古人讲的，你在睡觉时听到打鼓，做梦时在打雷，就是这个道理。睡觉时听到念佛，好像在佛堂跟大众打佛七念佛一样，这样子好！

"经一七"，打佛七，不如找几位志同道合的莲友，找个清净地方打佛七，在自己家里好好地念七天七夜。佛七是连晚上都不能中断的，不是说白天念，晚上不念，这不叫佛七。实在讲，一开始念不要念七天，七天一般人受不了；先念一天一夜，二十四小时，念个几次，觉得很受用，再念两天两夜、三天三夜，渐渐地把时间延长。所以真正修行，能在一个星期念三天三夜，每一个星期念一次；或者做不到的话，则每星期念一次，一天一夜，功德就很殊胜，非常受用。书上主要讲的就是改造命运，有求必应。我们想求一个道场，求一个修学环境，应该也是求得到的。这样的功夫能坚持到一月、二月、三月，就有了效验。

或觉心神恬旷，或觉智慧顿开，或处冗沓而触念皆通。

浅释

以下举几则明显效验的例子。如过去总是闷闷不乐，现在心开意解，快乐了，这就是有效验。

"或觉智慧顿开"，过去好像糊里糊涂的，现在觉得聪明了，不糊涂了。

"或处冗沓而触念皆通"，"冗沓"是很繁杂不容易解决的事务。现在遇到了事情，很容易就把它解决了；别人觉得很麻烦，他很容易就解决了。我们现前同修当中就有——把事情接过来，人家觉得很麻烦，他也没操什么心就摆平了。

或遇怨仇而回瞋作喜。

浅释

"此大福德、大智慧之相"。以往跟你过不去，对你很不满意的人——冤家对头，现在对你印象好了，态度转变了。这都是自己修学的功德，潜移默化而有感动。"仁者无敌"，这是福德、智慧之相。

或梦吐黑物，或梦往圣先贤，提携接引，或梦飞步太虚，或梦幢幡宝盖，种种胜事，皆过消罪灭之象也。

浅释

"黑物"是染污、业障。从前噩梦很多，而且梦得乱七八糟，现在这些现象没有了。纵然有梦，也是清清楚楚，就像白天遇事一样，这是好事。"或梦往圣先贤，提携接引"，学佛的人，梦见诸佛菩萨讲经说法，教导修行，是好事情。"或梦飞步太虚，或梦幢幡宝盖，种种胜事，皆过消罪灭之象也"，这些无论是在现实的生活中，或是在梦中的感应，都是业障渐渐消除，福祉渐渐显现出来了。

然不得执此自高，画而不进。

浅释

"高"就是傲慢。业障才消,若生骄慢则又堕落,决定不可贡高我慢。"画而不进","画"是画界限,到此为止就满足,那你以后永远不再进步了。应当要不断再用功,更求进步,永远没有止境——生到了西方极乐世界还是天天求进步,怎么可以知足?在物质、精神生活上,我们应知足;进德修业、断烦恼求智慧,永远不能知足,要勇猛精进。

　　昔蘧伯玉当二十岁时,已觉前日之非,而尽改之矣,至二十一岁,乃知前之所改未尽也。及二十二岁,回视二十一岁,犹在梦中。岁复一岁,递递改之。行年五十,而犹知四十九年之非。古人改过之学如此。

浅释

　　这是中国的一位大贤人,春秋时,卫国大夫蘧伯玉,才二十岁,很年轻,他就觉悟了,就知道自己的过失,发愿改过自新。

　　"至二十一岁,乃知前之所改未尽也",这就证明前面一句话,"不得执此自高,画而不进"——蘧伯玉做到了。他年年月月不断地在反省,不断地在改过,二十一岁时觉得二十岁虽然改,还有太多的过失。

　　"及二十二岁,回视二十一岁,犹在梦中。岁复一岁,递递改之",这是年年改、月月改、天天改。

　　"行年五十,而犹知四十九年之非。古人改过之学如此"，蘧伯玉这段公案，是讲古人改过这样的认真，有这样的恒心、毅力，证实他的忍辱、精进功夫，足为后人效法。

> 吾辈身为凡流，过恶猬集，而回思往事，常若不见其有过者，心粗而眼翳也。

浅释

了凡告诉他的儿子，看看古人，再回过头来想想自己。我们是凡夫，凡夫的过恶太多了。"猬"是刺猬，是一种动物，全身都长着刺，若遇野兽侵害它时，它的刺完全竖起来——保卫自己。"猬集"，比喻我们过恶之多。

"而回思往事，常若不见其有过者"，想想今天、想想昨天、想想去年、想想过去，好像没有什么大错；没有做过什么错事，这是什么原因呢？

"心粗而眼翳也"，我们的心太粗，我们的眼睛有翳，看不到自己的过失。看不到自己的过失。就不会改过，就永远不会有自拔出头的日子。所以莲池大师教初学的人，用"功过格"来检点自己的过失；发现自己的过失很多，才真正害怕了。但是改的方法，必定要从心上改。以心上改为主，事上改为辅助；正助双修，理事兼修。

> 然人之过恶深重者，亦有效验，或心神昏塞，转头即忘，或无事而常烦恼。

浅释

我们学佛，实在得到一点利益，不但业障重看得出来，小小业障也能看得出来。不仅是对别人，自己小小业障也能觉察到。

"或心神昏塞，转头即忘"，"心"是心思，"神"是精神。就是精神提不起来，做事情或者读书，记忆力丧失了，很容易忘事。尤其是年轻人，忘事居然跟老年人一样，这是业障！老年人真正有修行的，到了八九十岁还是一样不会忘事。

"或无事而常烦恼"，没有事就想事，这是业障。过去已经过去了，你想它做什么？明天还没到，想也是妄想。有的人很会想，想过去、想未来，一天到晚在想——叫无事生事，这个是业障。

或见君子而赧然消沮，或闻正论而不乐，或施惠而人反怨，或夜梦颠倒，甚则妄言失志，皆作孽之相也。

浅释

"赧然"，是不好意思；见到正人君子不好意思，心里有愧疚。心地正大光明，见什么人也不会有这种态度！"消沮"，是精神颓丧，就是精神提不起来，萎靡而不能够振作。

"或闻正论而不乐"，不喜欢佛法的道理和孔孟的教诲。清朝在早期，宫廷里面都念《无量寿经》，后来慈禧太后听了就不舒服，把念《无量寿经》废除了；大概听取五恶、五痛、五烧不是味道,这就是业障现前!

"或施惠而人反怨",你好心对待别人,送别人礼物,人家不但不感谢,还怨恨你。

"或夜梦颠倒,甚则妄言失志","妄言"这是大的业障;"妄言失志"就是精神分裂,胡言乱语,词不达意,业障相当严重了。"皆作孽之相也"。

苟一类此,即须奋发,舍旧图新,幸勿自误。

浅释

有这些现象,就要认真忏悔,要奋发把旧习气革除,不能再因循苟且。如果不改过、不自新,前途就没有了!所以一发现有这些现象,立刻就要回头,回头是岸,不可自己误了自己的一生。

真正把自己的毛病习气革除了,才可以接受教诲,修善积德。如果不是真正的法器,教他是没有用处的;特别是在教学、传法,一定要传给有条件的人——佛门称为"法器"——过失少、心地清净、勇于改过、有智慧的人,才是法器。若是一身毛病,如果你传授法给他,将来造业更重!他要不得法,他害人少,造业也小;他要是多学了一些,本事大了,能力强了,坏事做得更多、做得更重——那老师就看错人了!所以传法要认识人,非其人不传,这不叫"吝法";如果是个法器,你不肯传,叫作"失人"。不是法器,不能传;是法器,一定要传给他。

下面是"积善之方"。积善之前先改过,使自己有能力具备接受大法的条件;先培养资格,然后才接受大法。

第三训　积善之方

　　《易》曰："积善之家，必有余庆。"昔颜氏将以女妻叔梁纥，而历叙其祖宗积德之长，逆知其子孙必有兴者。

浅释

　　开端引用《易经》来作为积善理论的依据。积善的人家一定有余庆，他一生享受不尽，留给子子孙孙享之，其中有很深的道理。

　　"昔"是过去，"颜氏将以女妻叔梁纥，而历叙其祖宗积德之长，逆知其子孙必有兴者。"古人跟今人真的不一样，中国自古以来，婚嫁是父母之命、婚约之言，比现代自由恋爱，说老实话，有好处！好处是什么？真正有学问、有道德的父母，不会把你配错。坏处是若父母没有受过教育，无知无识，可以把女儿卖掉，所以儿女不甘心、不情愿地勉强凑合，这是缺点。但是不可以不知道，它有绝对的好处。

　　"叔梁纥"是孔子的父亲，孔子的母亲姓颜，这里的"颜氏"就是孔子的外公。他把女儿嫁给孔子的父亲——你看！不是随便嫁的。他看出孔氏一家人代代都积德、代代修善，这家庭里子孙一定有发达的，所以他将女儿嫁给孔家是有道理的。

　　"历叙其祖宗积德之长"，他们一家人的长处就是修善积德。"逆知"，就是预知，就是根据他们祖宗积德，晓得他们家里将来一定有好子孙，会兴旺的，这才把女儿嫁给叔梁纥，生了孔子。所以"父母之命、媒妁之言"，在中国自古以来，幸福的家庭很多。

　　古代的执政者，只要掌握政权，大的是帝王，统治国家；小的县市长、乡镇长——我们一般讲政务官。在他们的职责范围里有三句话——作之君、作之亲、作之师。"作之君"，君是领导人，你是这个地区的领导人；"作之亲"，你是这个地区百姓的父母，你要把百姓当作子弟来看待，要照顾他，要爱护他，要养育他；"作之师"，师是模范，他们不懂，你要教导他。现代民主制度，没有这三条。所以"君、亲、师"三个人的责任集中在执政者身上——如能尽职，功德不可思量。

孔子称舜之大孝，曰："宗庙飨之，子孙保之。"皆至论也。试以往事徵之。

浅释

　　前面依据《易经》叙述孔夫子的家世，再说到孔夫子对于舜王的赞叹。舜是中国历史上第一个大孝之人——只见自己过，不见别人过。在佛法来说，他是道道地地的修行人。《坛经》上说："若真修道人，不见他人过。"舜确实做到了，所以他积的德"子孙保之"。这些话"皆至论也"，也就是我们今天讲的真理。

　　"试以往事徵之"，我们从历史事实上看到，以下了凡先生所举的人、所举的事，都是当朝的——就是明朝——距离他几十年的事情，说出来大家都知道；善有善报，勉励人要修善，要积善。

杨少师荣，建宁人，世以济渡为生。久雨溪涨，横流冲毁民居，溺死者顺流而下，他舟皆捞取货物，独少师曾祖及祖，惟救人，而货物一无所取，乡人嗤其愚。逮少师父生，家渐裕，有神人化为道者，语之曰："汝祖父有阴功，子孙当贵显，宜葬某地。"遂依其所指而窆之，即今白兔坟也。后生少师，弱冠登第，位至三公，加曾祖祖父如其官，子孙贵盛，至今尚多贤者。

浅释

我童年在建瓯住过六年，常和同学们到杨荣他家去玩。他们的房子古色古香，门口两个石狮子，挂着灯笼，像庙堂一样。明朝时的"建宁府"就是现在的建瓯县，在延平北面，建阳南面，属于闽北，距离浙江很近，从建瓯到金华大约三百里。

"世以济渡为生"，他家里的先人是划渡船谋生的（大陆从前河川大部分都是用渡船）。

"久雨溪涨"，建瓯有一条河，就是闽江，一直经过南平，从福州出海。雨下多了，河川就泛滥，成为水灾。

"横流冲毁民居，溺死者顺流而下"，这是讲水灾相当的严重。

"他舟皆捞取货物"，别人看着大水灾，就捞东西，趁机会发一笔横财。

"独少师曾祖及祖",只有他的曾祖父及祖父。"惟救人,而货物一无所取",父子两个划了船专门救人,对于漂流的货物,看都不看一眼,只顾救人。

"乡人嗤其愚",乡人讥笑他:这样发财的机会,不多捞一点而去救人,真是愚痴。

"逮少师父生",到杨荣的父亲出生。"家渐裕",家庭生活环境慢慢好转了。诸位想想:划渡船一天能收入几文钱?还有坐渡船的身上实在没有带钱,也不能不渡。所以渡钱多半是随意给——船旁边摆一个小的盘子,并没有刻意规定渡船要收多少钱。这是从前福建常见的情形;学生过渡都不要付钱。这就是善因定有善报。

"有神人化为道者,语之曰:'汝祖父有阴功,子孙当贵显,宜葬某地。'遂依其所指而窆之,即今白兔坟也。"风水不是假的,但是没有善福也得不到。而且风水好坏,一定是按照个人的福德因缘,自自然然的,纵然有人指点,那只是一个增上缘;如果没有这个福分,指点你得到风水不但没有福,祸害反而来了,这是没有福分享受。所以看到福报来了不要欢喜,为什么呢?想想自己能不能消受得了?

读了《了凡四训》,真的一点也不错,确实一个普通的凡夫"一饮一啄,莫非前定"。你不懂得这个道理,不晓得改过,不晓得修善,你的命运里没有变数,只是常数。唯有真正懂得积善改过,那就有变数了,真正改造了命运、创造了命运。我们在这一生,看到许多的事,儒、佛所讲的道理完全证实了。

"后生少师,弱冠登第","弱冠"是二十岁,"冠"是男子二十岁行冠礼,二十一、二十二、二十三岁都叫弱冠。也就是他年纪轻,二十一二岁中进士——进士及第。这是过去最高的学位,等于现代的博士,拿到博士学位了。

"位至三公",他以后做官,做到了少师。"三公"就是太师、太傅、太保。少师、少傅、少保,也是三公,位置比太师、太傅、太保稍微低一点。以现代的地位相比,大概是国策顾问的地位,也就是皇帝的顾问,皇帝有什么困难的事情要向他们请教,所以地位很高。

"加曾祖祖父如其官",古时候做官的确是荣宗耀祖。他的父亲、祖父、曾祖父虽然是一介平民,他现在做到这样高的官位,皇帝要追封他的祖父、曾祖父,也跟他官爵一样。他的曾祖父、祖父,朝廷也封为少师——这是古代的荣宗耀祖。

我们今天奖励行善,政府表扬好人好事。实在讲,古时候这种表扬比我们现在表扬有力量,教育的意义更深。因为子孙对国家有贡献,国家对他的恩惠可以追加到他的远祖。今天表扬好事是你个人而不及尊长,古代的追封加到曾祖三代如其官。在我们肉眼看,好像人已死了多少年了,有什么意义?其实不然。这是优良教育的深意,使知自己成就,亦必赖祖宗之积德修善,报在子孙之事实。明乎此,焉有不肯修善之理?此事若就佛法中讲六道,帝王的追封,不管他在哪一道,荣耀实际上他也能得到。他如果是在鬼道,一切鬼王都尊敬他;他是大善人,必定受天帝鬼神的尊敬。所以这种教育的意义,实际的功德是不可思议的。

"子孙贵盛,至今尚多贤者",因为世代积德积得厚,杨荣以后就变成世家。一直到了凡这个时候,他们家里世代皆有贤人,既贵且盛。

鄞人杨自惩,初为县吏,存心仁厚,守法公平。时县宰严肃,偶挞一囚,血流满前,而怒犹未息,杨跪而宽解之。宰曰:"怎奈此人越法悖理,不由人不怒。"自惩叩首曰:"上失其道,民散久矣!如得其情,哀矜勿喜;喜且不可,而况怒乎?"宰为之霁颜。家甚贫,馈遗一无所取,遇囚人乏粮,常多方以济之。一日,有新囚数人待哺,家又缺米,给囚,则家人无食;自顾,则囚人堪悯。与其妇商之,妇曰:"囚从何来?"曰:"自杭而来,沿路忍饥,菜色可掬。"因撤己之米,煮粥以食囚。后生二子,长曰守陈,次曰守址,为南北吏部侍郎,长孙为刑部侍郎,次孙为四川廉宪,又俱为名臣。今楚亭德政,亦其裔也。

浅释

"鄞"是浙江宁波,在明朝称"鄞县",现在称宁波。"杨自惩"先生,"初为县吏",在县政府里当差——相当现代科长、科员这样的职位,"县吏"是不太高的职位。他"存心仁厚,守法公平",这个人心地厚道,正直清明。

"时县宰严肃,偶挞一囚,血流满前,而怒犹未息",从前县长兼理司法(现在是政务跟司法分开了,司法由法院、法官去处理),县长就是法官,他要兼理司法。有一个罪犯,问口供不说实话,狡辩!县长就发脾气生气了!给他用刑,打得很重,血流满地;可是县长怒气还没息。

"杨跪而宽解之",杨自惩看到这情形,就替囚犯求情。"宰曰:'怎奈此人越法悖理,不由人不怒'",这个囚犯犯的罪很重,叫人看了就生气!不得不怒。

"自惩叩首曰:'上失其道,民散久矣!如得其情,哀矜勿喜;喜且不可,而况怒乎!'宰为之霁颜",其实说这样的话要有相当的胆识,这是直谏!如果长官不接受,怪罪下来,很麻烦。假如这个长官相当贤明、明理,他不会怪罪,这是提醒他。"上失其道","上"是指政务官,不敢指皇帝,也就是指省、市、县长。国家的政治教育没有办好,这叫"失道"。"道"是什么?道就是君、亲、师。我们做地方官员主持县政,没有做到亲、师的本分,没有真正爱护老百姓;百姓犯过了,我没有教得好,这就是"上失其道,民散久矣"。"散"是无所适从,无有依靠。政教要上轨道了,老百姓皆有一个原则可以依靠。

中国从刘邦建立政权之后,罢黜百家,独尊孔孟,制定教育政策,用孔孟的思想教导百姓。在这以前,春秋战国诸子百家,学说之多教人无所适从。诸子百家留下来的典籍,每人有自己的主张,每人有一套说法,看看都很有道理。这么多的主张,这么多的讲法,我们到底依哪一个?所以一定要在诸子百家里选择一家,大家都觉得他的主张可以接受,各种不同的民族也能够适应,取这一家为主,以诸子百家来辅助,这样确立了国民教育宗旨。

我们的道统主流是孔孟,从汉高祖制定一直到清朝都没有变更,自然成了中华民族的道统。孔孟教给我们五伦十义,这是我们要遵守的原则,这就是道。五伦讲人与人的关系——最小的指居住在同一个房间的夫妇。丈夫要怎样做好丈夫的本分，妻子要怎样做好妻子的本分；分就是义务，你要尽到你的义务——夫妻和合是家庭兴旺的基础。室的外面就是家——家中上有父母，下有儿女，中有兄弟。每个人的身份不相同，义务责任就不一样。每个人应尽自己的义务职责，这叫"天职"——不是别人派给你的；这就是"道义"，天然的叫"道"。家之外是社会、国家——上有领导人是国君；下有被领导的人，那就是臣；平辈的有朋友。"五伦"是夫妇、父子、兄弟、君臣（领导与被领导）、朋友；从内向外扩展，则"四海之内皆兄弟"，所以五伦是一个民族国家的大团结。我们这一个国家，就是一个大家族——"中华民族"，这是道。

古圣先贤心目中从政者即是伟大人物，称为"大人"——负有对人民教育、养育、领导之天职。教导人民、教他一举一动，使他的见解、他的思想、他的思考有个范围（伦理道德），不能超越范围，人怎么会作乱！怎么会做坏事！再加以道德（忠孝、仁爱、信义、和平）的熏陶。儒家基本教育的目标是"格物、致知、诚意、正心、修身、齐家、治国、平天下"，现代学校已经不教这些课目，疏忽人文而重科技，老百姓的思想、见解、所作所为没有一个准则了。这就是教我们看到别人犯罪，回头想想自己为官做得不够好。

"如得其情，哀矜勿喜"，对于他犯罪的动机、犯罪的行为，我们真正知道了，要同情他，要哀悯他，不能因破案而欢喜。为什么不能欢喜？因为我们自己的责任没有尽到。

"喜且不可,而况怒乎",破案尚且不可欢喜,又怎么可以发脾气!从前做官、做县市长,至少是个举人(何况大多数县市长都是进士及第的),所以一提醒,他马上觉悟了。

"宰为之霁颜",这是很有胆识的劝谏,而县官一经提醒就觉悟了,就息怒了。从这个地方我们能见到杨先生的智慧、德性、见地,都很了不起。所以他在公门好修行,多行善事。

杨先生"家甚贫",在从前做官只靠俸禄,是不会发财的,所以退休后真是两袖清风——一生清贫的人非常之多;如果做官告老还乡而富有的,就是贪官污吏。否则钱从哪里来?因为以前念书人不会去做生意。如果官做大了,对国家有大的贡献,那么国家有奖励,送你多少田宅,这是相当的富有。如果是平常一个官吏告老还乡,都是相当清寒,何况杨先生只是县政府里的一个小职员。

"家甚贫,馈遗一无所取",他不接受人家送礼。有人要拜托他,尤其是犯了案子的人(犯法的囚犯),总想说一点人情,能够得到好一点的照顾,或者刑罚判得轻一点——可能他的职位掌管这些事,于是人情就免不了。他总是秉公处理,不接受别人送的礼,十分清廉,很难得!

"遇囚人乏粮,常多方以济之",从前囚犯的粮食很少,有时在递解的路上常常缺乏粮食,没东西吃,杨先生总是尽心尽力,设法救济他们。

"一日有新囚数人待哺,家又缺米。给囚,则家人无食;自顾,则囚人堪悯。与其妇商之,妇曰:囚从何来？曰：自杭而来"，"杭"是现在的杭州，杭州到宁波有相当长的一段距离。囚犯戴着刑具，手镣脚铐，都是步行，这样一天能走多远？一天能走五六十里已是相当辛苦了；而从杭州走到宁波，要好多天才能走得到。

"沿路忍饥，菜色可掬"，沿途没东西吃，饿了好多天，很可怜！夫妻商量一下，"因撤己之米，煮粥以食囚"，家里米少，都送给他们，自己就没得吃；自己吃了，他们就没得吃了，怎么办？煮粥！分一半给他们。

"后生二子，长曰守陈，次曰守址，为南北吏部侍郎"，以后他生两个儿子，这是夫妻积德，报在儿孙。"吏部"就相当于现在的内政部。从前的中央政府只有六个部，现在则有十几个；以前部的职权比现在部的职权要大（像前面讲的礼部，就兼现在教育部和考选部的职权）。"吏部"是管行政的，职权也比现在大。"侍郎"就是我们现在讲的政务次长——副部长。部长在那时候叫"尚书"；侍郎是次长，就是副部长。通常副部长有两位——"左右侍郎"，像我们现在部里也是两位次长——"政务次长"与"常务次长"。

"长孙为刑部侍郎"，"刑部"就是现代的法务部、司法行政部；这两个部的职权，都是从前的刑部。

"次孙为四川廉宪"，"廉宪"相当于行政专员，比省长小一级，比县市长高，大概管七八个县到十几个县的地方行政首长。

"又俱为名臣"，治理地方非常有成绩，很有声望地位。

"今楚亭德政，亦其裔也"，"今"就是现在。楚亭先生也是做官的，也是非常之清廉，是他们家的后人。

这是夫妻两个积德，子子孙孙都好！

昔正统间，邓茂七倡乱于福建，士民从贼者甚众。朝廷起鄞县张都宪楷南征，以计擒贼，后委布政司谢都事，搜杀东路贼党。

浅释

"正统"（公元 1436—1449），是明朝英宗的年号。"邓茂七倡乱于福建"，就是造反、叛变。"士民从贼者甚众，朝廷起鄞县张都宪楷南征。以计擒贼，后委布政司谢都事"，"都宪"是官名，"楷"是他的名字。"布政司"相当于现代的民政、财政厅长，主管一省的行政和财政。

谢求贼中党附册籍，凡不附贼者，密授以白布小旗，约兵至日，插旗门首，戒军兵无妄杀，全活万人。后谢之子迁，中状元，为宰辅，孙丕，复中探花。

浅释

这一段是讲不妄杀所得的果报。我们看看世界的历史，凡是统军的大将，后代有好果报的人很少。为什么呢？杀业太重了，结的冤仇太多了。做将军有好后代的，在古代历史上恐怕很少见到，这里其中一个得善报的，因果报应最明显的是唐朝的大将郭子仪，他的后代能保全，是做将军积善德。宋朝的时候，曹彬、曹翰都是赵匡胤手下的大将。曹翰的后代就很差，没有传到第三代，女儿沦落为娼妓，家败人亡；曹彬是很仁慈的将军，不妄杀，后代都很好。所以做将军的人如果军纪不严，士兵骚扰百姓，都是他的罪过。这里说的是不妄杀的果报；张宪楷，这个人很聪明，只要不是拥护叛党的，都教他们如何来区别，在战争的时候就可以不误伤人命。其子孙的功名富贵，说明了善因善果，丝毫不差。

莆田林氏，先世有老母好善，常作粉团施人，求取即与之，无倦色。一仙化为道人，每旦索食六七团，母日日与之，终三年如一日，乃知其诚也。

浅释

"莆田"属于福建的一个县，在福州的北面。这也是先人积善。她每天做一点吃的东西——粉团，布施给穷人。她也没有分别心，每天做，谁要吃都给，很难得！此事偶尔为之容易，长远心愿难发。她是乐此不疲，这样的布施给别人。有个仙人化成老道，每一天早晨都到她那里去要六七个粉团，三年如一日，才晓得老太太确实是诚心诚意做好事、做善事。真诚是积德，布施是积善。她也没什么希求，只是帮助一些贫困之人。

因谓之曰："吾食汝三年粉团，何以报汝？"

浅释

　　老道就告诉她："我每天都跟你要粉团，我吃了三年，怎么报答你呢？"

　　"府后有一地，葬之，子孙官爵，有一升麻子之数。"其子依所点葬之。

浅释

　　道士会看风水，他说："你家里有一块地，风水很好。葬在那儿，你的后代，做官的人数有一升芝麻那么多。"麻粒很小，一升芝麻你想有多少！

　　"其子依所点葬之"，以后老太太死了，她的儿子就依照老道所指点的穴，葬在这个地方。

　　初世即有九人登第，累代簪缨甚盛，福建有无林不开榜之谣。

浅释

　　第一代家里就有九个人做官，可见老太太好善积德，子孙很多。"累代簪缨甚盛"，"簪缨"就是指古时候的贵人，他的帽子上插着花。"福建有无林不开榜之谣"，这一句话是真的，福建的林家可以说是全省第一个大家族，非常兴旺。这是讲诚心施食的果报。

冯琢庵太史之父,为邑庠生。隆冬早起赴学,路遇一人,倒卧雪中,扪之,半僵矣。遂解己绵裘衣之,且扶归救苏。

浅释

这是说救人一命的善报。"太史"是过去任职在翰林院,"翰林"称之为太史。这是冯琢庵父亲过去做秀才的时候("庠生"就是秀才),早起上学,在路上遇到一个人,在大雪之中,冻伤倒了。我们可以想象,这个人必定是贫病交加,遇到这样一个灾难。他看到的时候用手去摸他,几乎快要冻死了,但还没有冻死。把他救起来,把自己身上穿的衣服脱下来给他穿,带回去救活了。

救冻一定要有常识,北方人都知道,南方人不晓得。救冻是要用凉水——用凉的毛巾,凉水给他摩擦,使他体内的寒气能散发出来。

梦神告之曰:"汝救人一命,出至诚心,吾遣韩琦为汝子。"及生琢庵,遂名琦。

浅释

看到可怜人,不管是什么人,出于诚心来救人一命,是为大善。"吾遣韩琦为汝子","韩琦"是宋朝的大将,也是名臣——韩魏公,中国历史上有名的。这位神人就把韩琦介绍到他家去投胎,到人道来了。"及生琢庵,遂名琦",这是救人一命得到好儿子。这里也说明了六道轮回转世投胎的事实，古人皆能深信不疑。

台州应尚书，壮年习业于山中。

浅释

"习业"就是读书。从前读书人多半都在寺院，只有寺院才有多余的房间，才有图书室。藏经楼里不但收藏佛经很完备，世间的四书五经、诸子百家，大概寺院里都有典藏，藏经楼就是图书馆。从前地方社会没有图书馆的设置，所以寺院就是学校，藏经楼就是地方上的图书馆。念书的人多半选择在寺院，寺院环境幽静，都在山林之中，是读书修学的好场所。

夜鬼啸集，往往惊人，公不惧也。一夕闻鬼云："某妇以夫久客不归，翁姑逼其嫁人，明夜当缢死于此，吾得代矣。"

浅释

鬼是确实存在，人鬼杂居。如果人烟稀少，或者气不旺盛的时候，往往就有很多鬼出现。"公不惧也"，应先生心地清净、正大光明，他对于这些妖魔鬼怪毫不在乎，也不害怕。"一夕闻鬼云：'某妇以夫久客不归，翁姑逼其嫁人。明夜当缢死于此，吾得代矣。'"凡是自杀的都要有替身，才能再去投胎；如果没有替身，他也相当苦。他吊死的地方，还得另有一个人吊死他才能得自由。现在有些车祸也是如此，他不是自杀的，是偶发事件，是横死的，也都要有替身。横死是很不吉祥的，所以我们要留意一下，某个地方常常容易出车祸，那个地方有冤鬼，他在那里等待找替身。

这是一个吊死鬼找替身，他预先就晓得了。他说某个人家，先生在外面做生意，很久没有回来，家人不知道他死活，逼着他太太改嫁。太太不甘心，想寻短见，明天要在这里上吊。这个吊死鬼说："我有机会！她明天可以来代替我了。"这话被应先生听见了。

公潜卖田，得银四两，即伪作其夫之书，寄银还家。其父母见书，以手迹不类，疑之，既而曰："书可假，银不可假，想儿无恙。"妇遂不嫁。其子后归，夫妇相保如初。

浅释

这是人命关天的大事，他也是个穷秀才，哪来的钱呢？赶紧回去卖田，得四两银子，造一封假的书信，送到妇人家里去。

"其父母见书，以手迹不类，疑之"，这封信不是他儿子亲笔写的，一看就晓得。"既而曰：'书可假，银不可假。'"那有人送钱来呢？这个钱不是假的，所以说"想儿无恙"。"妇遂不嫁，其子后归，夫妇相保如初"，到以后没多久，他儿子果然回来了。这是保全一个家庭的完整，这个功德很大。应先生当时做这个事情，也不是想去做功德，只是同情、怜悯人家。他是发了真心去帮助她，救她一命，保全这个家庭，没有想到什么功德不功德，仍继续到寺里去念书。

公又闻鬼语曰："我当得代，奈此秀才坏吾事。"旁一鬼曰："尔何不祸之？"曰："上帝以此人心好，命作阴德尚书矣，吾何得而祸之？"

浅释

好不容易等到一个替死鬼，我可以有人来代我了，这个秀才把我的事情搞坏了。"旁一鬼曰：'尔何不祸之？'"旁边有一个鬼就说了，你为什么不去报复他？"曰：'上帝以此人心好，命作阴德尚书矣，吾何得而祸之？'"从这里我们就知道，鬼神所以作祟、能害人，也是他罪有应得。他要没有罪业，鬼神想害他也害不了，对他无可奈何！俗话说："人有三分怕鬼，鬼有七分怕人。"我们怕鬼，那是很冤枉的，鬼怕人比我们怕他还要严重！所以只有自己做了亏心事，才怕鬼，鬼才会欺负你。如果你心地光明磊落，这些妖魔鬼怪绝对不会作祟的。这些事情像纪晓岚的《阅微草堂笔记》、蒲松龄的《聊斋志异》，还有中国正史《二十五史》里面也记载得很多。在民国初年出版的《历史感应统纪》，都是讲二十五史所记载的因果报应之事。

"上帝以此人心好，命作阴德尚书矣"，"上帝"是指天帝；"以此人心好"，看到这个人心好；"命作阴德尚书矣"，已经委派给他作阴德尚书。"尚书"就是现代的部长，他以后果然做到尚书。他听到鬼神讲话，自己预知前途。

应公因此益自努力，善日加修，德日加厚。遇岁饥，辄捐谷以赈之；遇亲戚有急，辄委曲维持；遇有横逆，辄反躬自责，怡然顺受。子孙登科第者，今累累也。

浅释

"横逆"就是别人对他非礼，侵犯他、侮辱他，他都能反省。"怡然顺受"，"怡然"是心平气和，没有一点浮躁，不与人计较，决定没有报复的心理，能够容忍。"子孙登科第者，今累累也"，不但自己做到部长这么高的地位，子子孙孙都非常之贤善。这是救急全节——保护一个家庭的完美，所获得的果报。

常熟徐凤竹栻，其父素富。偶遇年荒，先捐租以为同邑之倡，又分谷以赈贫乏。

浅释

常熟县在江苏省。"徐凤竹栻"，"凤竹"是他的字，古人都称字，"栻"是他的名。（名只有父母老师可以称，但是写传记时，他的名讳写在字下面，称"徐凤竹栻"。）"其父素富"，他的父亲相当富有。"偶遇年荒"，地方上有灾难，年荒就是收成不好。"先捐租以为同邑之倡"，"倡"就是提倡，希望富有的人家都能跟进。可见他们田地很多，田地给农民种，地主收租；荒年收成不好，他捐租——就是今年的稻租他不要了，使农民的生活能过得下去。地主不要租金，农夫还能勉强维持得下去，这是很难得的一桩善事。"又分谷以赈贫乏"，大陆上富有的人家，都有仓库，是蓄存装稻米的。他把自己家里仓库打开来，把粮食分给贫困的人家，救济急难。

夜闻鬼唱于门曰："千不诓，万不诓，徐家秀才做到了举人郎。"相续而呼，连夜不断。是岁，凤竹果举于乡。

浅释

住在乡村里，这些鬼怪的事情时有所闻，有的时候还可以见到，鬼说的话有时也听得很清楚。"千不诓，万不诓，徐家秀才做到了举人郎"，鬼在外面唱。"相续而呼，连夜不断。是岁，凤竹果举于乡"，这一年凤竹果然中了举人，果然应验了。鬼在外面唱，说他家的儿子今年可以中举人。今年去考果然没错，中了举人。

其父因而益积德，孳孳不息。修桥修路，斋僧接众，凡有利益，无不尽心。后又闻鬼唱于门曰："千不诓，万不诓，徐家举人直做到都堂。"凤竹官终两浙巡抚。

浅释

　　善有善报，确有效验，明白人更努力去修善。"后又闻鬼唱于门曰：'千不诓，万不诓，徐家举人直做到都堂。'凤竹官终两浙巡抚"，"都堂"就是都察院，是掌理刑事的，好比现在的高等法院大法官这样的地位。"凤竹官终两浙巡抚"，最后他的官阶做到"两浙巡抚"，"巡抚"就是现在的省主席。这是真心赈济贫困，灾难中发心赈济贫困的果报。

　　嘉兴屠康僖公，初为刑部主事。宿狱中，细询诸囚情状，得无辜者若干人，公不自以为功，密疏其事，以白堂官。后朝审，堂官摘其语，以讯诸囚，无不服者，释冤抑十余人，一时辇下咸颂尚书之明。

浅释

　　帮助别人平反冤狱，这是很难得的。审判案子，再小心、再谨慎，冤枉人是难免的。由此可知，做法官、做律师很难很难；冤枉人纵然不是有意的，仍是有很大的过失。

　　屠康僖先生为人非常难得——他要使囚犯里减少冤狱，他自己跑到监狱里面，跟囚犯混在一起，了解他们真实的情况。有些人在大堂审讯之下真是丧魂失魄，真实的情况不敢说出来（从前大堂里的威严跟现在比起来，那真是不一样）。从前审案多半在清晨天没有亮的时候，法堂里面阴森森的，真像阎罗王审案一样的味道，气氛看了叫人害怕，所以把囚犯在那时拉到大堂里，像去见阎罗王一样，跟现在完全不相同。

"刑部"就像现在的法务部、高等法院。"主事"相当于现代的科长，地位并不很高。他到监狱里面去打听囚犯的真实状况；自己不居功，把情况写出来给"堂官"（堂官就是刑部的尚书），功劳都归他的长官。长官当然很欢喜！长官在早晨审案时，就预先知道实际情况，再一桩一桩地审问，果然平反了十几个人。

皇帝乘坐的轿子叫"辇"；"辇下"就是京师，从前叫作京城，现代称作首都。"咸颂尚书之明"，没有一个不赞叹刑部尚书公正廉明。

公复禀曰："辇毂之下，尚多冤民，四海之广，兆民之众，岂无枉者？宜五年差一减刑官，核实而平反之。"尚书为奏，允其议，时公亦差减刑之列。

浅释

京师是皇帝所在之处，首善之区；这个地方政治清明，应该是全国的模范，所以叫"京师"。"师"就是师范的意思，做其他都市的模范。"四海之广，兆民之众，岂无枉者？"京城还有这么多冤枉的人，何况其他的地方呢？京师以外其他的城市，冤枉的人一定不少。"宜五年差一减刑官，核实而平反之"，这是他的建议——以为至少每隔五年，朝廷里委派一位官员，重新把老案子审查一下。"核实平反"，平反冤狱；这个建议非常之好。"尚书为奏，允其议"，刑部尚书就把这个意见禀告皇帝，皇帝就批准了。"时公亦差减刑之列"，刑部尚书对他非常之好，知道他是非常廉明公正、存心仁厚之人；这个制度建立之后，就是国家有了减刑官了，刑部也派屠康僖为减刑官的一员——每个人分配几个县市去审理案件。

梦一神告之曰："汝命无子，今减刑之议，深合天心，上帝赐汝三子，皆衣紫腰金。"是夕夫人有娠，后生应埙、应坤、应埈，皆显官。

浅释

他命里没有儿子，像袁了凡先生一样，命里没有儿子，他是求子得子的；屠先生是积功累德得子的。

嘉兴包凭，字信之。其父为池阳太守，生七子，凭最少，赘平湖袁氏，与吾父往来甚厚，博学高才，累举不第，留心二氏之学。

浅释

"池阳"就是现在安徽池州。"太守"是地方行政首长。"生七子，凭最少，赘平湖袁氏"，"平湖"也是地名，包凭入赘在袁家。"与吾父往来甚厚，博学高才，累举不第，留心二氏之学"，"二氏"就是佛教、道教。包凭去考举人，每次都没有考取，就显得消极——学佛、学道，天天跟出家人、道士一块交游；跟袁了凡算是世交，他们平时都有往来。

一日东游泖湖，偶至一村寺中，见观音像，淋漓露立，即解橐中十金，授主僧，令修屋宇，僧告以功大银少，不能竣事。复取松布四疋，检箧中衣七件与之，内纻褶，系新置，其仆请已之，凭曰："但得圣像无恙，吾虽裸裎何伤？"

浅释 这一件事是出于真诚——施金修建佛寺。他屡次参加考试都没有考取，对于仕途心灰意冷，家境也很不错，能过得去，所以学佛、学道去了。偶然在一个乡下村庄见到一座佛寺，看到观音像被雨淋。由此可知，这座佛寺年久失修，下雨才会漏，观音像才会被雨淋到。他看到这情形，想要修寺，把自己的钱袋打开（"橐"就是钱袋），里面还有十两银子，全给"主僧"（就是寺里的住持），请他把观音殿修一修。主僧告诉他："修殿十两银子不够。"十两银子，在从前数字是相当大了。由此可知，大概是古寺，有相当的规模。他听了这个话，再把身上所带的四疋布捐出来，还有行李里面（"箧"就是竹子编的藤箱子），有几件好的衣服拿去卖，卖了钱拿来修佛寺。衣服里面有一件袷衣（"纻褶"就是新的袷衣），料子非常好，当然价钱也相当高。他的仆人就跟他讲："这一件还是留下来吧！"他说："只要佛寺能修好，观音圣像不被雨淋，我自己就是裸露、赤膊也无所谓。"

僧垂泪曰："舍银及衣布，犹非难事。"

浅释

　　舍财施济，在有钱的人家，不是难事。

"只此一点心，如何易得！"

浅释

　　他的真诚心——只顾到佛像，没有想到自己，这点心意太难得了！

后功完，拉老父同游，宿寺中，公梦伽蓝来谢。

浅释

　　佛寺修好以后，他是功德主，寺里邀请他去，他就请父亲一道去。"宿寺中"，晚上就住在寺里面。"公梦伽蓝来谢"，"伽蓝"是护法神，护法神在晚上托梦向他道谢。

曰："汝子当享世禄矣。"后子汴，孙柽芳，皆登第，作显官。

浅释

　　这是一念真诚心修补佛寺感得的善报——也是报在子孙，足见善恶行业是同体的。

嘉善支立之父，为刑房吏，有囚无辜陷重辟。

浅释

"嘉善"是地名，在现在的浙江。"支立之父，为刑房吏，有囚无辜陷重辟"，这是一个囚犯，支立的父亲知道他是冤枉，但是还是被判了重刑。

意哀之，欲求其生。

浅释

刑房吏（支立的父亲）看到他非常可怜，想方法去开脱他的罪责。

囚语其妻曰："支公嘉意，愧无以报。明日延之下乡，汝以身事之，彼或肯用意，则我可生也。"

浅释

支立的父亲知道这个人冤枉而怜悯他，想方法开脱他的刑罪。这是一桩好事情，不但是救一个人，也救了这个人一家。这个囚犯就在妻子来探监的时候告诉她："支公嘉意，愧无以报。"支公这么好的心意，知道我冤枉，要开脱我的罪，我没有法子报答他。他说："明日延之下乡，汝以身事之，彼或肯用意，则我可生也。"他判的罪可能是死刑，或是无期徒刑，很重的罪。支立的父亲，晓得这个事情，有意替他办，所以囚犯嘱咐他的妻子："你去好好侍奉他，他能够多帮点忙。"

其妻泣而听命。及至，妻自出劝酒，具告以夫意，支不听，卒为尽力平反之。囚出狱，夫妻登门叩谢曰："公如此厚德，晚世所稀，今无子。"

浅释

把支先生请到他家里去。"妻自出劝酒，具告以夫意。支不听，卒为尽力平反之"，这是出于道义，他从事于这个职务，是他应尽的责任。"囚出狱"后，"夫妻登门叩谢曰：公如此厚德，晚世所稀，今无子"，支公没有儿子，家境也并不怎么好——公家做事，真正拿薪水、不贪污，生活的确是相当清苦。

"吾有弱女，送为箕帚妾，此则礼之可通者。"

浅释

他说：你们夫妻结婚这么多年，没有儿子，我有一个女儿成年了，愿意送给你做妾，希望能够给你绵延后代；这在礼法上可以讲得通的。

支为备礼而纳之，生立，弱冠中魁，官至翰林孔目。

浅释

　　支立的父亲娶之为妾，果然生了儿子——也就是支立。"弱冠中魁，官至翰林孔目"，"弱冠"是二十几岁；"中魁"就是考试高中。以后官做到"翰林孔目"，"孔目"是官名，相当于现代的主任秘书；"翰林孔目"就好像现代中央研究院的主任秘书，地位也相当之高。

　　立生高，高生禄，皆贡为学博。禄生大纶，登第。

浅释

　　这皆是救护无辜而感应得的善报。在这一章里面，了凡先生举了十个"积善得善报"的例子。这么多人，可见得不是偶然的，而且这些人年代距离都很近，其中还有一两个，跟了凡先生家里有关系、有往来。可见得，"善有善报，恶有恶报"，绝对真实，一点都不假。

　　凡此十条，所行不同，同归于善而已。

浅释

　　他们十位所做的事不一样，但都是善行，都是积善。

　　若复精而言之，则善有真有假，有端有曲，有阴有阳，有是有非，有偏有正，有半有满，有大有小，有难有易，皆当深辨。为善而不穷理，则自谓行持，岂知造孽，枉费苦心，无益也。

浅释

　　修善最重要的是出于真诚而无所求，这是真善。有条件的善，不但不是善，而且是造恶。譬如我们这个时代不少人——尤其是佛教徒，不明白佛陀教化众生破除妄想执着的道理，他们来佛寺烧香拜佛，都是有所求而来的；他要没有所求，就"无事不登三宝殿"。他在诸佛菩萨面前许愿烧香拜佛，求诸佛菩萨保佑，目的达到之后再来还愿供养奉献——谈条件，把诸佛菩萨当作什么人！不但心不诚，且把诸佛菩萨当作恶势力包庇者，岂非罪过！

　　支立的父亲，是正人君子，囚犯那种做法，就等于把他当作小人看待。支立的父亲不生气，仍旧帮他忙，真是难中之难！所以他得的果报是应当的。前面举十个例子，现在再讲道理；也就是积善的事和理不可以不知道。先说真假——什么是真善？什么是假善？

　　何谓真假？昔有儒生数辈，谒中峰和尚。

浅释

　　"中峰和尚"是元朝时候人，我们对他应该相当熟悉，因为常常拜读的《三时系念》就是中峰和尚编辑的，这是专修净土的一个方法。那时有一些念书人去拜访中峰禅师。

问曰:"佛氏论善恶报应,如影随形,今某人善,而子孙不兴;某人恶,而家门隆盛,佛说无稽矣。"

浅释

佛家常讲,道家也讲:"因果报应,丝毫不爽。"他们说"今某人善,而子孙不兴",这是讲现世,现前的善人子孙不好;"某人恶,而家门隆盛",恶人反而"家门隆盛"。他们就说:"佛说无稽矣!"佛法说的果报与事实不符。拿这个问题来向中峰禅师请教。

中峰云:"凡情未涤,正眼未开,认善为恶,指恶为善,往往有之。"

浅释

一般人是肉眼凡夫——你的俗情,你的心地不干净,就是妄想执着还很多,没有慧眼,看不到事实真相。"认善为恶,指恶为善",善恶颠倒了,这就叫迷惑颠倒。"往往有之",不但这样的人在世间确实有,而且还很多。禅师客气,不说很多,说有这种人就是了。

"不憾己之是非颠倒,而反怨天之报应有差乎?"众曰:"善恶何致相反?"

浅释

他不晓得自己反省,不辨是非,反而怨天尤人,说老天报应不公平。众曰："善恶何致相反？"世间迷人，为什么把善看成恶，恶看成善？

中峰令试言其状。一人谓："詈人殴人是恶，敬人礼人是善。"

浅释

中峰大师就叫他们自己说说。一个人就讲，"詈人殴人是恶"，打人骂人是恶；"敬人礼人是善"。这是那些学生自己说的，他们善恶标准在此地——骂人打人是恶，恭敬人、对人有礼这是善。

中峰云："未必然也。"一人谓："贪财妄取是恶，廉洁有守是善。"中峰云："未必然也。"众人历言其状，中峰皆谓不然。因请问。

浅释

中峰禅师说："你的标准不可靠。"一个人又说："贪财妄取是恶，廉洁有守是善。"贪赃枉法是恶，廉洁有守有为的是好官。中峰禅师又说："未必然也。""众人历言其状，中峰皆谓不然"，这些标准禅师皆不同意。"因请问"，于是大家就请问老和尚，我们的标准你不同意，你的标准讲给我们听听。

中峰告之曰："有益于人是善，有益于己是恶。有益于人，则殴人詈人皆善也；有益于己，则敬人礼人皆恶也。"

浅释

　　这是佛法讲的标准。"有益于人，则殴人詈人皆善也"，打他、骂他都是善。"有益于己，则敬人礼人皆恶也"，所谓有意讨好、巴结、谄媚之类是也。

　　是故人之行善，利人者公，公则为真；利己者私，私则为假。

浅释

　　这就找到一个真正的标准，这个标准就是存心利于社会大众，为一切众生造福，这是善。为大家造福，自己还要得相当的报酬，这是善里夹杂着恶——善不纯。先讲真善、假善，后面还讲圆满的善、不圆满的善掺杂在一起；有半满、有圆满、有纯、有杂，都要搞清楚。

　　所以诸佛菩萨、世间圣贤没有想到自己，完全是利于众人，那是真善，那是圆满的善。世间的人，不说别人，我们说范仲淹。范仲淹的行善、积善就是真实，就是圆满，是我们的好榜样。他从来没有替自己着想，也没有替儿女打算一下，一心一意只知为国家、为社会造福，连自己的身家都忘掉了。我们读他的传记，他自己积善，一家积善，子孙皆知行善。自己做到宰相，五个儿子中，有两个做过宰相，一个做过御史大夫。自己死的时候买不起棺材。钱到哪里去？全都拿来做社会福利事业去了。所以印光大师赞叹他，说他的德行仅次于孔夫子。他的家庭一直到民国初年——八百年不衰，子子孙孙都好，积德积得厚。

我们今天行善，拿出自己百分之一二的力量来行善，已经觉得我是善人了！而且还要舍一得万报！大家到佛寺来烧香布施，为什么？这个利润最大——一本万利。所以到佛门里来烧香拜佛，心想这是一本万利的生意（今天布施一块钱，明天得一个彩票中一万块），是这种心态到佛门里布施修善的，冤不冤枉！把诸佛菩萨看得真连小人都不如了。所以有很多人到佛门时，你看他很虔诚拜佛念佛——但是他自己不好，他的家庭后世都不好，真正的原因在此。好像不是有心把诸佛菩萨看成一个坏人，看成一个接受贿赂的人，可是有意无意他就是这种心态；虽然不明显，还是有这个心态。这是绝大的错误！我们在公家办事，要去拜托人，要送红包；所以跟诸佛菩萨打交道也送红包——接受拜托的都不是好人，那诸佛菩萨接受红包，也接受贿赂，也不是好人，这个罪就重了！

又根心者真，袭迹者假；又无为而为者真，有为而为者假，皆当自考。

浅释

"根心"，是从真诚里发心的，这是"真善"；我们跟人家去做，不是发自于真心，这是"假善"。"无为"

就是没有希求，没有希求的善是真善；行善而有所求就不是真善，就是"有为"了。"皆当自考"，自己要考量。

什么是真善？什么是假善？我们一定要从心地里面去区别，才知道自己是不是在行善。贪财、妄取是恶，而中峰禅师说"未必然也"；如果取得是为了做好事、利于众生，这也是善，不能算是恶。

常常有一些经商的同修来找我说："五戒里的不妄语他们不能持，因为做生意天天打妄语，希望把别人荷包里的钱，骗到自己的荷包里来，不打妄语怎么做生意？"我说："真正行菩萨道，未尝不可以。"现代的人，你劝他行善，他不肯；骗他，他肯。问题在哪里？在我们自己是不是菩萨心。如果用这种手段（当然这是一种非常手段），把他的钱财骗来了，替他做好事，你是行菩萨道；如果把他的钱骗来自己贪图享受，就是恶了。凡夫不知道做好事，不知道行善，我们替他修善、替他修福，这是好事。所以单单看表面，确实善恶难分。善恶在心地——积大善、建大功都要从心地上去修。尤其是大菩萨，外表上不露痕迹，不注重小节，纯粹是利人济世，所以他的观点，确实跟普通人不一样。

何谓端曲？今人见谨愿之士，类称为善而取之。

浅释

"端"，是端庄正直，"曲"，是委曲婉转。"今人见谨愿之士，类称为善而取之"，见到唯命是从的、恭恭敬敬顺从的——这个人是好人。现在一般在位有权的人，想用人，都喜欢用这种人。为什么？他听话，叫他怎样，他就怎样；认为这是好人，喜欢用这种人。所谓愿意用"奴才"，奴才听话，一天到晚对你很恭敬，侍候你舒舒服服的。

圣人则宁取狂狷，至于谨愿之士，虽一乡皆好，而必以为德之贼，是世人之善恶，分明与圣人相反。

浅释

大圣大贤他们用人，不用乡愿、谨愿。乡愿之士，是一般人讲的好人。圣贤用人才，人才倔强、傲慢，有时候无礼。为什么？他有一技之长，值得骄傲，有时候不一定能顺你的意思，可是这样的人能干、能办事。那个老好人（人是好人），不能办事，墨守成规，不能自动自发做事情。所以圣贤人"宁取狂狷"，狂狷之人勇于进取，不拘小节。

"至于谨愿之士，虽一乡皆好，而必以为德之贼"，这种好人往往不明事理、不辨是非，所以是"德之贼"。"德"是风俗道德，往往都被他们不知不觉当中破坏了。

"是世人之善恶，分明与圣人相反"，大圣大贤的善恶标准跟世人的善恶标准不一样；即使在佛门中，大乘的善恶标准跟小乘的就不一样。小乘着重在事相上，所以小乘人守戒守得很严格，一点都不敢犯；大乘人你看他好像是不拘小节（小乘人看不起大乘人）。大乘戒在心地，小乘戒在事相。

前面讲的三种改过之法，小乘从事上改，大乘从心上改,不一样。所以小乘就是"谨愿之士",大乘是"狂狷之人",成就也不相同。譬如说大乘好像是不持戒,其实不然——他心地清净平等,人家往生的瑞相,站着走、坐着走、不生病,这就能看到结果。中国历代大乘修学,明心见性、了生死、出三界确实不少!诸位在《高僧传》《神僧传》《居士传》《善女人传》都能看到。《善女人传》是专记在家女居士修行成就的。所以小乘不了解大乘,就是因为是、非、善、恶的标准不相同。

推此一端,种种取舍,无有不谬。天地鬼神之福善祸淫,皆与圣人同是非,而不与世俗同取舍。

浅释

这是真善、假善,我们很清楚就能辨别。天地鬼神与圣人的标准相同,而不与世俗的标准相同。为什么?因为天地鬼神与圣人的用心见解是一样的。

凡欲积善,决不可徇耳目,惟从心源隐微处,默默洗涤。纯是济世之心则为端,苟有一毫媚世之心即为曲;纯是爱人之心则为端,有一毫愤世之心即为曲;纯是敬人之心则为端,有一毫玩世之心即为曲。皆当细辨。

浅释

我们真正要发心断一切恶,修一切善。发心度自己,首先"不可徇耳目"，就是决定不可贪恋五欲六尘，一定要看淡。五欲六尘看不淡，你的自私自利断不了！自私自利的意识是恶业的根源，由恶根所做的一切善，善也变成恶了。这就是为什么世间人讲的那些善，中峰和尚都不同意；不同意的根源就是你还有私心。有私心所做的一切善事，都希望获得自私的利益，这个善就不真、不纯。所以先要把五欲六尘看淡，然后逐渐舍掉，不受五欲六尘干扰，这样才从"心源隐微处"——没有人见到的地方、念头才动的地方，就要觉察。

"默默洗涤"，"洗涤"就是洗心，也是《无量寿经》讲的洗心易行，"易"是换、改变——改变我们从前不善的行为，心地干净、光明，才充满智慧！

"纯是济世之心则为端"，只有一个念、一个心，利于一切众生，帮助一切众生；帮助他明理，帮助他破迷开悟。他只要明理，破迷开悟了，他自然就会知道要断恶、要修善。所以佛法在世间的第一大功德，就是帮助人认识宇宙人生的真相。都认清了，十法界你愿意取哪个法界，随心所欲，佛不干涉，佛也不勉强；佛不是说"佛"好，你们都成佛，佛没有这样要求！佛希望你们成佛，但是绝不勉强你们。愿意来生做人，佛就教你做人的道理；愿意到三恶道，就搞贪、嗔、痴，到三恶道。佛不会去阻扰我们，也不会帮助我们，佛只教人破迷开悟。这是纯真，所以这个叫"端"。

"苟有一毫媚世之心即为曲"，"媚"，简单地说，就是巴结讨好群众之心，取得世间名闻利养；就是以不正当的手段，求取名闻利养为目的。他所做的一切善事、善行都是"曲"，不是端。

"纯是敬人之心则为端；有一毫玩世之心即为曲，皆当细辨"，处世的态度应当谨慎，慎就是慎重。待人、接物、处事都要用谨慎恭敬的态度，玩世不恭是错误的，不可以不辨别清楚。

何谓阴阳？凡为善而人知之，则为阳善；为善而人不知，则为阴德。

浅释

"何谓阴阳？"这一条也很重要。古圣先贤都叫我们要积阴德，什么是阴德？

"凡为善而人知之，则为阳善"，你所做的善事、善行，大家都知道，人人看到都赞叹你——赞叹就是福报。政府表扬，送个匾额给你挂着（你是好人，你做了很多好事），果报都报掉了！

"为善而人不知，则为阴德"，所以诸位要晓得，无论做多少善事，不必要让人知道，则善果永远就积在那里，而不求现报，叫"积善"。别人知道了，善就积不住，随修随报，到后来一点善果都没有了，反而造了很多恶。恶慢慢积，愈积愈多，后果就不堪设想。

阴德天报之，阳善享世名。名，亦福也。名者造物所忌，世之享盛名而实不副者，多有奇祸。人之无过咎而横被恶名者，子孙往往骤发，阴阳之际微矣哉！

浅释

"阳善享世名，名，亦福也"，现在我们讲知名度，知名度就是"名"。人贪名、好名！名也是福报之一，为善以此报掉了。而且，"名者，造物所忌"，造物，是讲天地鬼神，也为世人所嫉妒。

"世之享盛名而实不副者，多有奇祸"，"奇祸"，就是有非常的灾难。你的名跟你的德行不相副，灾祸随之而来。

"人之无过咎"，这个人没有什么过失。

"而横被恶名者"，别人都嫌弃他、冤枉他、侮辱他，但他并没有什么过恶。

"子孙往往骤发，阴阳之际微矣哉！"所以积功累德，自己默默地去做，知道的人愈少愈好；也不必要人家赞叹恭敬。人家愈是不满意，愈是嫉妒、毁谤愈好。为什么呢？因为这些毁谤、障碍之来，是消自己的罪业。罪业都报掉了，你的善德愈积愈厚，后来果报就大。所以"子孙往往骤发"，"骤发"就是突然发达。细观今日台湾许多发达者，其先人多类此。明白这个道理，我们才真正晓得阴德之可贵。

何谓是非？鲁国之法。鲁人有赎人臣妾于诸侯，皆受金于府，子贡赎人而不受金。

浅释

"是非"很难辨别，因为我们世间人的标准，跟圣贤人的标准也不相同。

"鲁国之法",春秋时候鲁国的法律。

"鲁人有赎人臣妾于诸侯,皆受金于府","府"是官府。这个人为什么会到诸侯家里面去做臣妾呢?("臣妾"就是佣人。)都是有罪、犯法的人,分发在达官显要家中服劳役。只要有人肯拿钱把他赎回来,就等于替他缴罚金,他就可以恢复自由,这是好事情!政府奖励社会上有钱的人多做一些好事,能帮助这些人恢复自由,让他改过自新,重新做人。

"子贡赎人而不受金",子贡在诸侯家里,把佣人赎回来,政府的奖励他不接受。

孔子闻而恶之。曰:"赐失之矣!夫圣人举事,可以移风易俗,而教道可施于百姓,非独适己之行也。今鲁国富者寡而贫者众,受金则为不廉,何以相赎乎?自今以后,不复赎人于诸侯矣。"

浅释

子贡不接受政府的奖励,孔子听了很不高兴。"曰:赐失之矣!""赐"是子贡的名字,老师叫学生是称名字。说:"赐,你做错了!"

"夫圣人举事,可以移风易俗,而教道可施于百姓",这就是圣人的是非观念,跟世人不一样。他看的是整个社会,希望建立良好的风俗习惯、道德标准;圣人的教导是普遍为老百姓所建立的,不是为个人。如果单就个人来讲,子贡这种做法是难能可贵、值得赞叹的;但是他把风俗习惯破坏了,他的过失在此。

"非独适己之行也"，不是为某个人。

"今鲁国富者寡而贫者众"，在当时，鲁国社会上贫穷的人多，富有的人少。

"受金则为不廉，何以相赎乎？自今以后，不复赎人于诸侯矣"，政府的奖励对一般百姓有鼓舞的作用，今天子贡不接受奖励，大家称你是好人；以后有人做这件事情，政府的奖励，他们也就不敢接受了。一接受，人家就说是为图奖励而做的，于是大家都不愿做了，那么政府这个好的制度就被破坏了。如果要鼓励一般人都行善事，子贡应当要接受政府奖励，不是为了个人，而是为社会大众。这是圣人与常人见解不同处。

子路拯人于溺，其人谢之以牛，子路受之。孔子喜曰："自今鲁国，多拯人于溺矣。"

浅释

子路在路上，看到一个人掉在水里，快要淹死了，就下去把他救上来。这个人牵一头牛送给子路，感谢他救命之恩，子路就接受。孔夫子知道了很欢喜，赞叹子路说："从今以后，鲁国人'多拯人于溺矣'。"——人有急难的时候，勇于救人的人就多了。为什么？被救的人一定感谢；救人的人他还会接受感谢。这是鼓励大家救助灾难。

自俗眼观之，子贡不受金为优，子路之受牛为劣,孔子则取由而黜赐焉。乃知人之为善,不论现行,而论流弊;不论一时,而论久远;不论一身,而论天下。

浅释

这是孔子的真实教诲,应当切记深思笃行。

"孔子则取由而黜赐焉",孔子的看法跟世间人刚好相反。他赞叹子路,而不赞成子贡的做法,这是有很深的道理的。

"乃知人之为善,不论现行,而论流弊;不论一时,而论久远;不论一身,而论天下",你看大圣大贤,眼光看得远大、看得深微;凡夫眼光浅近,只看眼前,不知道人的行为对于后世的影响。我们要为整个社会、国家,乃至于整个世界来设想,于后世的历史来观察,这样你的看法就完全不相同了,你就会知道孔夫子的看法是正确的。所以善恶不能只看眼前现行,要晓得它对历史、对后世久远以后的影响,是正面的,还是负面的。

现行虽善,而其流足以害人,则似善而实非也。

浅释

现前表面上看是善,实际上不善。在一个人是善,在一时是善;在一个社会是不善,在后世是不善。所以佛法里面讲善恶就不讲"现行"。今世善不是真善;后世、生生世世都善,佛说这是善。现在是善,来世不善,后世不善,要到三途地狱去,这不是善;这一世善,来世善,后世更善,这才叫作真善。

现行虽不善,而其流足以济人,则非善而实是也。然此就一节论之耳,他如非义之义,非礼之礼,非信之信,非慈之慈,皆当决择。

浅释

像子路接受人家的牛,好像是不善;"而其流足以济人,则非善而实是也",这是真善。"然此就一节论之耳",这是就一桩事情来说明,什么叫"是",什么叫"非"。

"他如非义之义,非礼之礼,非信之信,非慈之慈,皆当决择。"什么叫"道义"?什么是"礼敬"?什么是"信用"?什么是"慈悲"?这里都有"是"有"非",如果不能辨别,往往自以为行善,其实造了大恶。讲修福,没有智慧的人怎么修福?真的要有福、要有慧;没有福慧,想修福也修不到福。

何谓偏正?昔吕文懿公初辞相位,归故里,海内仰之,如泰山北斗。有一乡人,醉而詈之,吕公不动,谓其仆曰:"醉者勿与较也。"闭门谢之。逾年,其人犯死刑入狱,吕公始悔之曰:"使当时稍与计较,送公家责治,可以小惩而大戒。吾当时只欲存心于厚,不谓养成其恶,以至于此。"此以善心而行恶事者也。

浅释

吕文懿公告老返乡,就是现在讲的退休。古代的制度,宰相就相当于现代的行政院长。虽然退休,他的德望功勋为世人所敬仰。"泰山北斗",比喻高。

"有一乡人,醉而詈之。吕公不动,谓其仆曰:'醉者勿与较也。'闭门谢之",同乡有一个人,喝醉了酒,牢骚满腹,遇到吕先生就骂他。吕先生做过宰相,度量大,有涵养,不跟他计较。跟他的佣人说:"他醉了,不要跟他计较。"闭门谢之。

"逾年,其人犯死刑入狱",过了一年,听说这个人犯了重罪,判死刑入狱了。

"吕公始悔之曰",吕老先生才后悔,上一次遭遇的事情处置错了!说:"使当时稍与计较,送公家责治,可以小惩而大戒",当时如果跟他计较,捉他去监牢关几天,使他警戒收敛一点,可能不至于犯今日之死罪。

"'吾当时只欲存心于厚,不谓养成其恶,以至于此。'此以善心而行恶事者也",这种例子太多了——善心造了大恶。尤其是现代一些年轻的父母,对待儿女溺爱;到儿女长成了,不孝顺父母、为非作歹,才晓得自己大错特错!小孩就是要从小教起——少成若天性。小时候如果不严加管教,长大了就没法子教了;必然是背叛父母,父母对他稍微有点不好,他就不满意。这还得了!

从前中国古老的刑罚里有一条叫"亲权处分"——是父母说我这儿子不孝,你把我的儿子判死刑,杀了他!法官马上判,什么都不要审了!"亲权"是第一等处分。所以从前儿女怕父母;父母若告状,法官不审就定案了。父母说给他坐三年牢,马上就批准。为什么?那是"父母之命",没话讲的,不必审,大家认为这是绝对正确的。哪个做父母的不爱儿女呢?父母不爱你,你在社会上就不能做人了，社会自然也不要你了。"亲权处分"好像在民国二十几年还有，以后废除掉了。有这一条法律，的确儿子不敢不孝，不孝，国家法律要治罪的；而且还没有办法请律师，都不能请的——亲权没有辩护的。这是真正值得我们去反省深思的。

又有以恶心而行善事者，如某家大富，值岁荒，穷民白昼抢粟于市，告之县，县不理，穷民愈肆，遂私执而困辱之，众始定，不然几乱矣。

浅释

遇到荒年收成不好，"穷民白昼抢粟于市"，"粟"就是粮食，贫民到处去抢劫。

"告之县，县不理"，到县政府告状，县政府怕群众暴乱，不敢阻拦。

"穷民愈肆"，抢劫的风气愈来愈盛，县官也管不了。怎么办呢？

"遂私执而困辱之，众始定"，他自己把这些抢劫的人抓来，私自用刑，把事情平定了。如果事情不平定，"不然几乱矣"，几乎地方就发生动乱，就不能收拾。这是以恶心、恶行，对社会做了一桩好事。

故善者为正，恶者为偏，人皆知之。其以善心而行恶事者，正中偏也；以恶心而行善事者，偏中正也。不可不知也。

浅释

什么叫"正"？什么叫"偏"？"人皆知之，其以善心而行恶事者，正中偏也"，善心是"正"，恶事是"偏"。像前面所说的吕老先生，就是以善心做了一件恶事；这就是"正中偏"。

"以恶心而行善事者，偏中正也。不可不知也。"但是善恶的标准都要从对社会、对世道人心之影响而论断的。如果说他们来抢我家的粮食，县官也不管；我家里佣人多，我们组织起来反抗，把暴民制止，用刑罚加诸于他——这是私刑，这不是一件好事；但是为了保护自己的生命财产，他做了一桩什么善事呢？对社会安定帮助很大——使暴民不至于为害地方，引起整个社会的动荡不安。这是为了私心替大众做了一桩好的事情，这个是"偏中正"。

何谓半满？《易》曰："善不积，不足以成名；恶不积，不足以灭身。"《书》曰："商罪贯盈。"

浅释

这是古圣先贤的教训，后人尊称为经。这个教训是真理——超越时间、超越空间。"积善成名，积恶灭身"，绝对真实正确。

如贮物于器，勤而积之，则满；懈而不积，则不满，此一说也。

浅释

　　比喻有一个器皿，我们要想在里面存满——存久就满了；如果不存，它不会满的。这就是要知道积善的重要，而不可积恶以自取灭亡！

　　昔有某氏女入寺，欲施而无财，止有钱二文，捐而与之，主席者亲为忏悔，及后入宫富贵，携数千金入寺舍之，主僧惟令其徒回向而已。因问曰："吾前施钱二文，师亲为忏悔，今施数千金，而师不回向，何也？"曰："前者物虽薄，而施心甚真，非老僧亲忏，不足报德。今物虽厚，而施心不若前日之切，令人代忏足矣。"此千金为半，而二文为满也。

浅释

　　这是佛家的公案。从前有一位女居士到佛寺里想布施，但没有钱。"止有钱二文，捐而与之"，只有两文钱（从前两文钱是很少很少），她拿去捐在佛寺里做功德。"主席者亲为忏悔"，"主席"就是佛寺的方丈，因她心诚，亲自给她忏悔，给她祝福。

　　"及后入宫富贵"，没想到这个女子的命还不错，以后进入到宫廷里面，做了皇帝的妃子——变富贵了。

　　"携数千金入寺舍之"，带了黄金千镒到寺院来做佛事。

　　"主僧惟令其徒回向而已"，主持老和尚没有亲自给她回向，只叫他的徒弟给她拜忏消灾回向。

　　"因问曰：吾前施钱二文，师亲为忏悔；今施数千金，而师不回向，何也？"老和尚很有道德，不像现在，我们看到许多不如法的事情。从前有道德的人不论施财多少，但看修福的人心是否真诚。如果是真心修福，再少的钱都要亲自给他主持；如果心地不是很虔诚，则用不着老和尚亲自去操心。这老和尚就告诉她，曰："前者物虽薄，而施心甚真"，从前你虽只施两文钱，但是你的心真诚，"非老僧亲忏，不足报德"。今日你得到富贵，施金虽多，而施心不切。这是她从前心真，真诚地在三宝里修福，这是舍一得万报，她真的得到了。老和尚亲自给她修忏悔。

现在她已经富贵了，但对于佛法上那种虔诚的心，被富贵荣华淹没了，退转了。"今物虽厚，而施心不若前日之切，令人代忏足矣！"我派徒弟代表我替你忏悔就够了！其实老和尚这个举止就是唤醒她，真正是大慈大悲——机会教育，教她真正回头。这个人是个可救之人，不是不可救。

"此千金为半，而二文为满也"，从前施二文，她的福报是圆满的；现在布施千金，得到的福报是一半——不圆满。所以诸位同修要知道，我们修福，念念圆满，确实不在乎施钱多，不在乎做得多；心真切，尽心尽力就是念念圆满。

钟离授丹于吕祖，点铁为金，可以济世。吕问曰："终变否？"曰："五百年后，当复本质。"吕曰："如此，则害五百年后人矣，吾不愿为也。"

浅释

　　这是中国人尊敬的"八仙"。吕洞宾是其中一位，钟离权也是一位。吕洞宾当年跟钟离权学点铁成金术，钟离权告诉他："点铁为金，可以济世。"有些贫困人，你"点铁为金"可以帮助他发财，帮助他富有，解决他的贫困。

　　"吕问曰：'终变否？'"吕洞宾问："此金以后会不会变为铁？"钟离权告诉他："五百年后，当复本质。"五百年后金才会变成铁。吕祖说："如此，则害五百年后人矣，吾不愿为也。"虽然利于现在的人，但害了后人，这个事情做不得！我们看看现代的人，现前只要得到便宜，他怎会想到后来会害人？由此可知，世道人心是怎样的变化。

　　曰："修仙要积三千功行，汝此一言，三千功行已满矣。"此又一说也。

浅释

　　道教讲："修神仙要积三千功德。"就是说要做三千桩好事，才有资格修道。"授丹"就是传道给他。他的条件比佛法的条件宽得多了！佛法的条件比这个要严，佛法是清净心才能入道，才能成为一个法器；道家的条件是修三千善，他不是讲清净心，是讲善心，是真正的善心，才有资格传道给你。所以他的条件是善心、善人；佛法的条件是清净心——比善还要难修。

　　他这样的存心，三千功德圆满了。他不害一切众生，实在讲超越了三千善行，一念就圆满了。像了凡居士做的减租一事，他这一念，一万条善事就圆满了。这是在心地上修。

又为善而心不着善，则随所成就，皆得圆满；心着于善，虽终身勤励，止于半善而已。譬如以财济人，内不见己，外不见人，中不见所施之物，是谓三轮体空，是谓一心清净，则斗粟可以种无涯之福，一文可以消千劫之罪。

浅释

尽心尽力就是"圆满"，心与力都没有尽，还留一部分，这个善是"半善"。所以积功累德一定要尽心尽力。世间人不了解事实真相，对于圣教怀疑，就是烦恼里"贪、嗔、痴、慢、疑"的"疑"。你说的，我们听了也信；叫我们修善、布施，总是要留一点，总是不能全心全力地布施。想到若是全都布施了，明天生活怎么办？这是心里面有"疑"，不能果断，无有智慧。所修的善都是半善，都不是满分的善。所以往往修善得不到好的果报，也不能立刻得到果报。你要晓得原因在哪里？

如果你真正肯修，对于圣教完全明了、信从，一点也不怀疑。（但是世间人讲你傻！你迷信！我们有时想想，也讲的似有道理，因而善心不敢发、善事不敢为，你的善心已为邪见所转了。）果然相信，果然肯做，果报是显著的，不只像《了凡四训》所说的，是真实不可思议！读了这本书，你决定要深信，你要有胆量承当。

只要真心去做，舍一何只得万报？一点都不错。如果贪着"舍一得万报"才发心，那不是真心；虽然舍尽了，当然还是可以得到——得到的是"半"，不是"满"。

　　舍财决定得财富，舍法决定得智慧，无畏布施决定得健康长寿。因缘果报是真理——天经地义。真心去做，不求富贵，不求财富，也不求聪明智慧，也不求健康长寿——什么都不求，你得到的必定是样样都圆满。这多自在！有求的心还是能得到，得到的不圆满。为什么呢？因为你一无所求，你的心纯真，你行的善称性；性德流露，果报不可思议，其受用就是西方极乐世界、华藏世界。诸佛净土，皆从性德流露出来；有一念希求，不称性了，你所得的功名富贵、健康长寿是修来的——修得的会失掉，是有限的、有范围、有大小、有长短的，是享受得尽的。

　　唯有性德，它跟真如本性一样——不生不灭、无有穷尽，这才叫真正自在。要不是一个大福大智的人，谁肯把自己的利益舍得干干净净？没有人愿意这样做的。所以真正的大福，唯有诸佛菩萨在修；二乘人都不能修，二乘人怕麻烦。譬如度众生，我好心去帮助他，他不接受，还要毁谤侮辱，算了！不度他！这就不行了，这就不圆满了；菩萨则不然，他知道众生的烦恼习气，种种忤逆，菩萨也不在意，还是很耐心很慈悲地去度他。所以菩萨用心跟阿罗汉、辟支佛不一样。阿罗汉、辟支佛还是用意识心；诸佛菩萨是用真心。你要求真正的富贵，其实富贵不是求来的，本性里本来具足。诸佛教人无非是开发自性真实富贵，就是明心见性。

　　所以佛弟子的修学目标，其中一个就是回向实际，开发自性。自性里什么都具足，我不向外求，只求开发自性。自性里有无量的智慧、无量的宝藏，取之不尽，用之不竭。每个人都有自己的宝库，都是世出世间最富有的，可惜自己不晓得；唯有最聪明的、最富有的佛陀，教我们开发自性。因此佛的恩德就无比了，佛的恩德第一大！这些真实的道理、事实的真相，我们一定要知道。

用真心，确实"斗粟可以种无涯之福"，"粟"是粮食，"斗粟"是一斗粮食，可以造没有边际的福。因为它称性。

"一文可以消千劫之罪"，以一文钱供养三宝，能消千劫之罪。《楞严经》上说得很好，末法时期"邪师说法，如恒河沙"。表面很像佛教，实际里面所作所为是妖魔鬼怪。我们今天要想种福、修德，到哪里去种？万一这寺院是妖魔鬼怪，我们不但福没种上，可能还要作恶！诸位要晓得，佛法讲的是"心地法门"。如果你是真心来拜佛，这个佛就是阿弥陀佛，就是释迦牟尼佛，是自己真诚心的感应。我的心正，纵然是邪魔外道的庙我去拜，也正——也是诸佛菩萨，也是正神；我心不正，虽然是正法道场，我去拜，所感应的也是妖邪。

若说末法时期没地方好修行，那就错了！真正道场是在心地。《维摩诘经》上讲"真心是道场""清净心是道场""慈悲心是道场"，道场在心里。我心有道，我到哪里都是道场；我的心正，到什么地方都是正法。这才叫"境随心转"，外面境界都随我心转变。诸位同修果能明白这个道理，认真修学，大家都修，则社会有福，国家有福了。

倘此心未忘，虽黄金万镒，福不满也。此又一说也。

浅释

"未忘"，就是没有把这些妄想杂念除掉；纵然是"黄金万镒"拿来布施，所得的福都不是圆满的。这是讲"半满"。

何谓大小？昔卫仲达为馆职，被摄至冥司，主者命吏呈善恶二录，比至，则恶录盈庭，其善录一轴，仅如箸而已。索秤称之，则盈庭者反轻，而如箸者反重。仲达曰："某年未四十，安得过恶如是多乎？"曰："一念不正即是，不待犯也。"

浅释

福善有大有小。古人有个故事，从前"卫仲达为馆职"，"馆职"——一种是教书的先生，一种是服务于政府机关，如翰林院类者。"被摄至冥司"，有一天他被小鬼抓去见阎罗王，阎罗王就审判他，叫判官把他的档案拿出来。

每一个人一生都有善、有恶，就有善、恶两本记录，在阎罗王、鬼王那里都有档案，故了凡先生教我们要发"敬畏之心"。档案拿来之后，看到记录恶的不只一本，搬了一大堆出来，都是他造恶的记录。作善的记录"如箸"。他一生做的善就只有一卷；所造的恶有几十本之多。把他造的恶和善称一称，看哪个重？结果所造的恶还不重；恶是很多，可能是没有大恶。就好像记过一样，小过记了很多，没什么大过失；所以一个大善就抵"盈庭"之小恶。这一称，阎罗王也欢喜了，这个人毕竟还是一个善人。

所以仲达就问了，他说："我年未四十，这一生怎么会造这么多的恶业过失？"阎罗王就告诉他，"一念不正"就是恶，不是说做了恶事，那才叫恶。一个念头恶，鬼神就给你记一笔。虽然这一生作的恶不多，但恶念很多；还好他有造一大善业。

因问轴中所书何事，曰："朝廷尝兴大工，修三山石桥，君上疏谏之，此疏稿也。"仲达曰："某虽言，朝廷不从，于事无补，而能有如是之力。"曰："朝廷虽不从，君之一念，已在万民，向使听从，善力更大矣。"故志在天下国家，则善虽少而大；苟在一身，虽多亦小。

浅释

这一卷善的内容是"朝廷尝兴大工，修三山石桥，君上疏谏之，此疏稿也"，帝王想大兴土木、劳民伤财；他看这是没有必要的，就建议皇帝不要做劳民伤财的事。皇帝没有理会他，还是照做。这一卷就是他上疏的文稿。

"仲达曰：'某虽言，朝廷不从，于事无补，而能有如是之力。'"我虽然建议，没有用处，于事无补，朝廷还是照做了。"曰"，鬼王说："朝廷虽不从，君之一念，已在万民。"可见善恶是在念头。你当时这一念不是为自己，是真正爱护老百姓，你发的这一念在万民，多少老百姓得利益！何况兴这么大的工程，是用老百姓所纳的税，能够节省不必要的开支，对老百姓都有利。所以这一念，你想想看，影响力有多大！虽然没做，他的心是真实的，是圆满的。

所以"向使听从，善力更大矣"，如果朝廷照你的建议去做，那你的善就更大了！虽然没做，你的善还是很大。

"故志在天下国家，则善虽少而大；苟在一身，虽多亦小"，"大、小"差别是在这里，就看发心是不是真实；是为天下国家，还是为自己家庭。我们明白道理之后，念经、念佛回向，常常为某一个人回向修福，希望三宝加持，让他能得利益——这是小善，利益很小。他是不是真正能得到？还不一定。如果遇到这样情形，家亲眷属有困难，或者有病痛，我们念经、念佛回向十方法界；希望一切众生没有病痛、没有苦难，都能得到平安利益，你家里的人就得真实利益。为什么？你心太大了！读《地藏经》光目女、婆罗门女为母发愿事便知。

世人常说："我修的功德都给别人，我自己得不到，修这个做什么？"这是心量太小。在诸佛菩萨面前祷告，祷告了半天都不灵，原因就是心量太小了！完全是自私自利，不晓得把自己修行的功德，扩大到十方法界。功德的回向众生，犹如传灯一样；以我的灯火，点燃别人的灯火，如是光光互照，光明增盛，实无损于自己，而有大利于自己。故佛教人必应将自己修证功德回向法界众生、菩提、实际，才能显证圆满佛性。

我们中国文化的命脉，大根大本是"祠堂""文言文"。中国之所以成为一个文明古国，几千年来都不衰，不被灭亡，伦常才是根本。文言文不能断，文言文断了之后，中国人将来会有很大的苦难，真正是陷于永劫不复；还有"大乘佛法"。这三样能保住，不但国家民族有前途，世界也有大光明。

何谓难易？先儒谓克己须从难克处克将去，夫子论为仁，亦曰先难。

浅释

　　首先引古圣先贤的教训告诉我们。我们的烦恼习气很重，哪一种最重就先把它断除；最难断的能断，小的毛病就不难克服了。断恶修善要知道下手处。孔夫子论"仁"——就是仁爱，说到"先难"，下面举几个例子来说明。

必如江西舒翁，舍二年仅得之束修，代偿官银，而全人夫妇。

浅释

　　"必"，是必定。这是一个很好的榜样——难行能行、难舍能舍。"修"，原来是干肉；"束"，是一束，一把没有几条。这是古代做学生每逢过年过节送给老师的一点微薄礼物。礼不能缺，以后凡是学生对老师的供养通称"束修"，不一定都是干肉。古代教书的所在都称"私塾",学生的人数不定,有二三十个人就相当多了,少的只有十几个人,所以老师得到的供养相当微薄。两年的积蓄,他能拿出来,"代偿官银,而全人夫妇",这是很不容易做到的,江西舒老先生做到了。

与邯郸张翁,舍十年所积之钱,代完赎银,而活人妻子。

浅释

一个是舍两年的待遇,一个是能舍十年的积蓄——都是赎官银。这就是欠了公款,或者是判了刑罚坐牢,拿这个钱去赎,救济陷于苦难的一家人。

皆所谓难舍处能舍也。

浅释

因为人在世间,必须依赖财物生活,所以舍财是一桩很难的事情;尤其是把全部的财物都舍尽了,这很不容易! 这就是向"先难"处去做,就是克己。

如镇江靳翁,虽年老无子,不忍以幼女为妾,而还之邻,此难忍处能忍也。

浅释

　　"镇江",过去是江苏省会。靳老先生年老无子,在过去有置妾的习俗,再娶一个,来传宗接代,这是人伦之大事。邻居家里有一个女孩子年龄很小,送来给他做妾。因为年龄相差太悬殊了,他不忍心,再送她回家。虽然没有儿子,他也觉得无所谓,总不能耽误人家一生的幸福。这也是"难忍处能忍"。

故天降之福亦厚。

浅释

　　有这样的善行,必然有善报,一定是有善果的。

凡有财有势者,其立德皆易,易而不为,是为自暴;贫贱作福皆难,难而能为,斯可贵耳。

浅释

　　这就是"难、易"。明白这个道理,我们要把握修善积德的机会;机会失掉了,以后想做也没有缘分去做了。财富不能常保;人的运五年一转,一生当中有最好的五年,也有最坏的五年。好运如果是在晚年,才是真正的好运;如果五年最坏的运在晚年,此时体力衰退,困苦艰难就很可怕了。所以少壮时有福最好能舍,奉献给社会大众共同享受,舍了以后命里还有。明白这个道理,年轻体力还够,福报来时我不去享受,就把享受福报延后了；不好的我先受了，好的留到后面，后福就好了。所以一定要知道修晚年的福报。

"有势"，就是有地位、有权势。有权，积德很容易，帮助别人往往是轻而易举的事。所以有权势的时候，不可以拿着权势去欺压别人，应当以权势多做善事，多积阴德。"易"而不肯做是自暴自弃；贫贱修福就"难"，没有财、没有力量，难！难而能做，那是非常之可贵。

  随缘济众，其类至繁，约言其纲，大约有十：第一与人为善，第二爱敬存心，第三成人之美，第四劝人为善，第五救人危急，第六兴建大利，第七舍财作福，第八护持正法，第九敬重尊长，第十爱惜物命。

浅释

这就是佛门里常讲的"随喜功德"——随缘随力地帮助社会大众。"其类至繁"，随缘的功德太多太多了，略举十大类。"约言其纲，大约有十：第一与人为善，第二爱敬存心，第三成人之美，第四劝人为善，第五救人危急，第六兴建大利，第七舍财作福，第八护持正法，第九敬重尊长，第十爱惜物命。"这十条皆是真实利于众生的好事，应当尽心尽力去做。下面一条一条来说。

  何谓与人为善？昔舜在雷泽，见渔者，皆取深潭厚泽，而老弱则渔于急流浅滩之中。

浅释

"何谓与人为善"，了凡先生举了一个例子，教导我们怎样跟大众在一起，在一个团体里面带头诱导人人修善。

"雷泽"是地名，在现在山东省。渔猎在古时候是生活里一个重要的部分。"深潭厚泽"，就是鱼多的地方。年老的人因为好的捕鱼地区被年轻人霸占了，没有办法跟他们争，所以就在浅水和急流处捕鱼；浅水鱼少，不容易捕得。

恻然哀之。往而渔焉，见争者，皆匿其过而不谈；见有让者，则揄扬而取法之。期年，皆以深潭厚泽相让矣。

浅释

舜看到这样的情形心里很难过。"往而渔焉，见争者，皆匿其过而不谈。"他用的方法很巧妙，"见有让者，则揄扬而取法之"，他有智慧、有耐心、善巧方便，和他们一起捕鱼；实际上的目的并不是去捕鱼，而是想感化这一批人。见到大家相争，他不说一句话；如果当中有一两个相让的，他就很赞叹。他用这个方法——"隐恶扬善"。"期年"，就是一年之后，"皆以深潭厚泽相让矣"。一年之后没有相争的，只有相让的，果然真的被他感化了。

我们现代的社会，宣扬恶事、恶行，只要有一点违背风俗道德或者是法律的，报章杂志就大肆宣扬。说善的很少，说恶的很多，这种做法，社会上必然是善人少，恶人多。你行善，有谁知道？不但不能激励人修善，反而诱导他人去造恶。

我们看古圣先贤——作恶，不要说他，让他自己慢慢去反省、去觉悟，这才是正确的。人都有天良，只是一时为利欲蒙蔽而已；只要有善巧方便去帮助他，没有不觉悟的。舜用这种方法，把这一群捕鱼的人感化了。看下文就知道圣贤的用心。

夫以舜之明哲，岂不能出一言教众人哉？乃不以言教，而以身转之，此良工苦心也。

浅释

舜王不是说一篇大道理，劝劝这些人；他用的是身教，自己做榜样来劝别人。虽然时间长一点，但是效果会相当深远，因为言教不如身教！此正是他明哲处。

吾辈处末世，勿以己之长而盖人，勿以己之善而形人，勿以己之多能而困人。收敛才智，若无若虚，见人过失，且涵容而掩覆之。

浅释

"末世"，就是佛法的末法时期。"勿以己之长而盖人，勿以己之善而形人，勿以己之多能而困人"，这是要痛戒的。自己有长处,要用长处去欺压别人,就是世间人讲的"值得骄傲"这句话。能够"收敛才智,若无若虚;见人过失,且涵容而掩覆之",才是真正的修养。自己有才智要藏一点、收敛一点,不要太露锋芒。古德常说:"大智若愚。"凡是露锋芒的,纵有才智,也没有多大作为。一个真正有大作为的人,他绝对不像一般人显示的那样浅薄,必然是浑厚老成。我们用包涵的态度对人——隐人之恶,扬人之善,才是真实持戒修福之人。

一则令其可改,一则令其有所顾忌而不敢纵。见人有微长可取,小善可录,翻然舍己而从之,且为艳称而广述之。

浅释

"纵",是放纵。能够收到这样好的效果(人人不敢放纵),大舜的所作所为就是很好的证明。"见人有微长可取","微长"就是小善。"小善可录,翻然舍己而从之,且为艳称而广述之",人家有善行,我们随喜,而且加以赞扬。

过去我初见李老师时,他曾教导我:"不要说人家的过失。"隐恶,这句话我懂。他又说:"不要赞叹别人。"我不明白,心里就很疑惑。说人家的短处,这是不好的事情;赞叹别人是好事,为什么不可以赞叹别人呢?后来李老师解释说:"赞叹别人比说人家的过失、害处还要大。"怎么会有害?他说:"赞叹别人要有智慧,没有智慧的赞叹反而会害人的。人家有一点小小的能力,你就拼命去赞叹他，过分的赞叹，使那个人听到之后得意忘形，认为自己很了不起，就不会再有进步了。不进则退，岂不是你害了人？"我想想，的确有道理。

哪一种人我们应该赞叹？佛门里常讲的"八风吹不动"，这样的人你应该特别去赞叹他，因为他不受你的害。你赞叹他，他如如不动；愈赞叹，他愈谦虚，愈觉得自己努力不够，这种人应该加以赞叹。所以我们要小心谨慎，不能够以善心做了坏事。从这一段来看，我们才真正体会到舜王用心之苦；他用一年的时间，把这地方坏的习俗转移过来。

凡日用间，发一言，行一事，全不为自己起念，全是为物立则，此大人天下为公之度也。

浅释

"则"，就是榜样，就是原则。都是为社会、为地方、为大众作一个榜样。

"此大人天下为公之度也"，什么人才叫"大人"？天下为公才叫"大人"；念念都是为自己的叫作"小人"。所以小人为私，大人为公。诸佛菩萨称之为"大人"，你看看《八大人觉经》——菩萨八种大觉；"大人"就是诸佛菩萨。这一节说的就是菩萨道、菩萨行。

何谓爱敬存心？君子与小人，就形迹观，常易相混。

浅释

"形迹",就是外表。君子和小人,如果只从外表上来看——常常会搞错,常常会相混,实在不容易分辨。

惟一点存心处,则善恶悬绝,判然如黑白之相反。

浅释

若从心地上来看,小人和君子就截然不同了。

故曰:"君子所以异于人者,以其存心也。"

浅释

儒家讲"君子贤圣",佛门里讲"诸佛菩萨",他们与一切凡夫所不同的,就是"存心"。形迹很难区别,所以往往我们把圣人看错了!在佛门里,像过去浙江天台山出现寒山、拾得、丰干。《天台山志》上记载,在当时一般人看这三个人疯疯癫癫的,认为他们有神经病,不正常,没人理会他们!所以形迹上怎么看得出来呢?丰干是在碓房里舂米的,就是禅宗六祖惠能大师在黄梅的那一份工作。丰干是阿弥陀佛的化身,阿弥陀佛在厨房舂米来供养大家;寒山、拾得是等觉菩萨——文殊、普贤化身的,在厨房里烧火;都是在厨房里打杂的,做这种苦差事。打赤脚,穿得破破烂烂,疯疯癫癫的,所以没人瞧得起他们。在形迹上,肉眼凡夫确实很难判别,实际上他们三个人是圣人应化——这是丰干说出来的。

当时有一位地方官吏闾太守，于上任的路上，母亲生了病，他很着急，请了很多医生都没能治好。丰干经过那里去找他说："你家里有个病人，我有方法把他治好。"治好之后，太守对他非常感谢。看他是出家人，请问他在哪一个宝刹。

　　他说："我在天台山。"

　　闾太守就向丰干请教："你们的宝刹，有没有圣贤人住在那里？"

　　丰干说："有文殊、普贤两位菩萨在。"

　　太守说："我怎么亲近？"

　　丰干说："一个叫寒山，一个叫拾得。"

　　太守上任没几天就去朝山，参拜这两位大菩萨。结果他们是在厨房打杂的，疯疯癫癫的，可是太守一见到就顶礼膜拜。两个人根本不理，转头就跑。太守派人去追，看看他们到哪儿去了，结果看到他们跑到山边，两座山就打开了，两个人一直退到里面，山就合起来，两个人都不见了。最后他们还说："弥陀饶舌。"于是太守等人才晓得丰干原来是阿弥陀佛！阿弥陀佛多事，把他们两个身份说出来了——三位是圣人。在寺院里每半月诵戒，是很重要的法事，寒山、拾得时常在门口讥笑，所以寺院里的人都不喜欢他们。到最后才晓得是诸佛菩萨化身应现在此地，这个时候大众才生惭愧心，原来阿弥陀佛、文殊、普贤每天都来侍候他们的饮食。这是诸佛菩萨跟常人"存心"不相同处。

君子所存之心，只是爱人敬人之心。盖人有亲

疏贵贱，有智愚贤不肖，万品不齐，皆吾同胞，皆吾一体，孰非当敬爱者？

浅释

普贤十大愿王，第一愿就是礼敬诸佛。"盖人有亲疏贵贱，有智愚贤不肖，万品不齐，皆吾同胞，皆吾一体，孰非当敬爱者？"这是从"理"上来观察，"事"上确实有亲、疏、贵、贱，有智、愚、贤、不肖，但都是我们的"同胞"。

所以明白这个道理，这个事实真相，才晓得真正是"皆吾同胞，皆吾一体"。佛说："尽虚空、遍法界就是一个自己"。所以佛的慈悲是"无缘大慈，同体大悲"，就是这样建立的。哪一个不应该礼敬，不应该爱护呢？人人都应该敬爱，事事物物我们都应该要敬爱。

爱敬众人，即是爱敬圣贤；能通众人之志，即是通圣贤之志。

浅释

从前读书明理的人"敬圣敬贤"，跟我们现代工商社会贪、嗔、痴、慢不断增长的人"敬圣敬贤"，在思想、心态上不一样。从前人敬圣敬贤，是因为圣贤是我们的模范，取"见贤思齐"的意思；现代人敬佛、敬菩萨、敬鬼神，是希望诸佛菩萨、鬼神多让他赚一点钱，其目的在此。"通圣贤之志"，圣贤之志就是为众生造福。哪一个人不希望得到安和乐利？中国人常讲五福，人人都希望自己有福，希望自己长寿、富贵、健康、幸福、享尽天年，这是世间人的希望。但是这些都是善因善果。希望得好的果报，但是忘了好的果报是要好因缘才结得的。若不修好因，不结善缘，希求好的果报，是决定不能得到的。圣贤人希望每一个人都得到殊胜的果报，所以圣人之志就是群众之心。只是圣人有智慧，群众迷惑颠倒，所以圣人教导大众修善积德，才能使人人皆得到好的果报。

修善积德从"爱敬"开始。先学爱人、敬人，爱物、敬物，爱事、敬事，对于人、物、事要真正"爱敬"。所以十大愿王里的菩萨修行原则，第一条就是"礼敬诸佛"。我们读《礼记》，第一句话"曲礼曰：毋不敬。"就是教"敬"，"毋不敬"就是一切恭敬。要从这里下手。

何者？圣贤之志，本欲斯世斯人，各得其所，吾合爱合敬，而安一世之人，即是为圣贤而安之也。

浅释

圣贤、诸佛菩萨只有一个想法、一个心愿，就是教导一切众生"各得其所"。聪明杰出的人，诱导他成佛作祖；如果他没有这个大志，那么他希望得到什么，都祝福他、帮助他能够如愿，这是圣贤之志。所以要心存爱敬。

何谓成人之美？玉之在石，抵掷则瓦砾，追琢则圭璋。

浅释

　　"成"，是成就。别人有好事，我们要帮他成就，这也是性德。

　　"玉之在石，抵掷则瓦砾，追琢则圭璋"，这是举一个比喻。"玉"是石头里面最精最美的，加以琢磨就变成玉器；"圭璋"，是古时候的信物。在古代——尤其是上古，玉做成"璧"，璧是圆形的，中间有个孔；"圭"是手上拿的。当时的用途，就像我们现在记事用的记事本子，是做备忘之用。"圭"大，"璋"比较小。这些玉器在故宫里可以看到，有商周的、秦汉的，历史价值都非常高。

　　故凡见人行一善事，或其人志可取而资可进，皆须诱掖而成就之。或为之奖借，或为之维持。

浅释

　　我们今天所讲的"培育人才"。看到这个人心地很善良、很忠厚，或者志向纯正可取；"资"，是资助，我们应当要帮助他、成全他。"皆须诱掖而成就之"，就是要诱导他、要成就他、教养他、培训他。《华严经》"五十三参"是很好的榜样，你看善财童子自己以学生身份去参访善知识，他是我们的前辈，是我们的长者。纵然年岁很轻，他的道德、学问是我们所尊敬的，我们应当向他学习。他见到善知识先是礼敬，善知识一定会问他，你从哪里来的？你到这里来做什么？你有什么需求？五十三位善知识，所问与善财对答完全相同。所以这句话给我们的印象非常之深刻，前后重复了数十遍。第一句是："我已经发阿耨多罗三藐三菩提心，立志要成就无上菩提（阿耨多罗三藐三菩提就是无上正等正觉），但是我不晓得怎样修持？怎样存心？所以到这里来请教。"发心就是此地讲的"立志"。志可取，又好学，我们遇到了一定要尽心尽力帮助他。所以有志向、有目标，不论世间、出世间都是有前途、有成就；遇到这样的人，就是俗话常讲的"遇英才而育之"。你真正遇到这样的材料，就要设法去帮助他、成全他！

"或为之奖借"，"奖"，是奖励。"或为之维持"，"维持"，就是在他有困难的时候帮助他，使他能安心于学业和道业。

或为白其诬而分其谤，务使之成立而后已。

浅释　世出世间贤者在修行过程中免不了遭嫉妒、毁谤，往往会给他带来困惑。有时候足以教他退心，那就很可惜了！这时我们要替他分忧。"诬"，是诬蔑冤枉。要帮他洗刷冤情，成就他，以"务使成立而后已"为目标；如此成全人便是大学问、大智慧、大福德之相。这个人将来在社会上建功立业，是帮忙照顾他的人给他的；他将来有多少功德，照顾他、帮助他的人也是跟他同等的。中国古代，"荐贤受上赏"——你替国家推荐一位贤人，国家对你的奖赏是最高的。为什么？这位贤人为国家建功，替国家服务，为老百姓造福，都是因你推荐的，等于就是你造的。所以在过去中国社会，确实是举贤能、举贤良、举孝廉；把人才发掘出来，推荐给朝廷、推荐给国家。

好人为什么还有人找麻烦？俗话常说"好事多磨"，多魔障！你作恶——魔就喜欢作恶，他不但不会障碍你，还会帮助你；你做好事，恰恰跟他相反，他看了不顺眼，所以来找麻烦。一方面是魔来找麻烦，另一方面是自己生生世世的冤家债主，看到你修行，将来你超越六道轮回——过去世你欠他的命没有还，欠他的债也没有还，怎么可以跑掉呢？他不甘心！不甘心就要来障碍你，所以菩提道上磨难重重。

无始劫以来自己所造无边的业障，要怎样免除这些业障呢？我们每天将所做的功课回向冤亲债主，把所修学的功德都分享给他们。诸位要知道，全给他们就是自己圆满的功德！我们要什么？什么也不要。不发这样的愿心，你想在菩提道上没有障碍，相当不容易！所以发这个愿心，最好能依照《金刚经》的理论方法，要真正依教奉行，真实地去做。

大抵人各恶其非类。

浅释

一般人，跟他同类的就喜欢。学佛的同修彼此见到特别亲切，与不学佛的人就有距离、有界限。尤其是在家庭中，父母没学佛，兄弟姊妹没学佛，你吃素，他们不吃素，这一家人就闹得鸡犬不宁。这是我们的错，自己要深深反省。最大的错在哪里？家里的人为什么反对你学佛？因为看到你的同修道友到家中来，亲密超过了家人，你喜欢同道比喜欢母亲更多！母亲一看，她心里当然不舒服——嫉妒。你要以爱护同道的心去爱护你的家人，家人就不会有反对的。所以往往学佛搞得家庭不和，自己都不知道反省，不晓得原因出在哪里；我们在旁边明眼观察，看得清清楚楚。问题出在哪里？实在应当反省，一反省就找出来了。我们的同修到家里来，对我们的父母尤其要更尊敬、更孝顺，那你的家人也更快乐了。不但不反对，还觉得学佛好，鼓励你的亲戚朋友都去学佛了。所以家庭里面亲属之间，不能用"言教"，要学舜王用"身教"，做出来给家人看。他们看到确实是好，自然就会给你宣传。

乡人之善者少，不善者多，善人在俗，亦难自立。

浅释

善人是一类，不善的人是一类。不善的人多，势大；善人少，势力孤单。"善人在俗，亦难自立"，善人要做好事不容易，恶的势力很大，决定造成了障碍。佛门中自从释迦牟尼佛示现，代代都不免有这种情形。禅宗六祖惠能大师得法之后，明心见性了，还在猎人队里躲藏十五年。为什么？嫉妒，障碍。所以"善人在俗"，有些一生遇不到机缘，只好"独善其身"。如果要教善人能"兼善天下"，那么有智慧、有福德的人，一定要帮助他。

且豪杰铮铮，不甚修形迹，多易指摘，故善事常易败，而善人常得谤，惟仁人长者，匡直而辅翼之，其功德最宏。

浅释

"铮铮"，就是响亮的意思。"豪杰"，是指他的聪明、智慧、才干超过别人。

在地方上大家都知道他，我们现代人讲的"知名度"很高——这些人有专长、有才干。但他生活马虎、随便、不太讲求，不拘小节，有时就容易得罪人。我们也要知道，学佛，对佛一定要恭敬，对三宝要恭敬，但是有一些小节也不要过分重视，太重视会影响你的修行。恭敬心是应当有，但是看到别人无礼，我们也不要挂在心上，修行要抓住真正的纲领。真正的纲领是"心净则土净"，二六时中只有一句阿弥陀佛，其他的都不重要！

年纪大、体力衰，诵经就不一定要跪着，不需要拘执形式。求心里与阿弥陀佛不相舍离，才是重要！喜欢怎么念就怎么念，喜欢跪着、坐着、捧着经走着念都可以，行、住、坐、卧四威仪中功夫不间断。可以躺着听（放录音带）——体力不够，躺在床上安安静静地听。躺在床上听念佛、听念经，功德都是相等的。躺着不可以出声念，会伤气、伤身体。

大乘佛法是开放的，的确是自由自在，没有拘束的。所有一切规矩仪式，是做什么用呢？是唱戏表演做给别人看的——身教，启发别人的恭敬心，启发别人的道念，为大众做一个好样子，用意在此。

小乘着重在形式上，大乘往往就没有拘束了。大乘佛法论"心"不论"事"，小乘法是论"事"不论"心"。英雄豪杰不拘小节，往往容易得罪人，容易招惹是非，所以"善事常易败"好事多磨，好人常常容易遭受别人的毁谤，遭受别人的指责。这时候，仁人长者，有智慧、有福德的人，应当帮助他，排除他的困难，使他将来在社会上有成就，这个功德是最大的。因为不只是他个人的成就，更是他替社会、替国家造福，为一切众生造福，这个功德就大了！

由此可知，如果在佛门里面，我们能够培养一位法师，功德之大，很多人不晓得。以为修个庙，出多少钱，做多少好事的功德最大。其实那个大是有限的，不见得是真正大，有些是善心却做了恶事。唯有培养人才，这个功德才是真大！

培养佛法的人才最为困难！他的志一定是上求佛道、下化众生；他的心清净平等、大公无私——这是佛门的人才必须具备的条件。如果发现有这样的人才，我们要尽心尽力去扶助他。他将来成就了，所度化的众生，对佛教所做的一切贡献，他的功德同帮助他的人的功德一样大。

何谓劝人为善？生为人类，孰无良心？世路役役，最易没溺。凡与人相处，当方便提撕，开其迷惑，譬犹长夜大梦，而令之一觉；譬犹久陷烦恼，而拔之清凉，为惠最溥。

浅释

　　人没有不向善的，再恶的人，他口里也说要修善、要行善。由此可知，善心、善行是人的天性，就是佛法里所讲的"性德"。既然善心、善行是性德自然的流露，为什么还会作恶？仔细研究，不外乎两个原因：第一是内里的烦恼、习气；第二是外有恶缘，人才会作恶。虽然作恶，不被良心谴责的人很少。作恶，他知道不对，会受良心的责备，可惜他没有善友提醒他、帮助他回头，于是愈迷愈深、愈陷愈重，这种情形往往有之。

　　了凡先生在此，也说得很清楚："世路役役，最易没溺。"在世间营生，为了生活、为了家庭、为了事业，都会受环境的影响，尤其是一个不良的社会风气。像目前各地赌博风气太盛，绝对不是一个好现象。多少年轻人沉迷于此，对他本身、家庭、社会，皆是非常不利的，有识之士都能觉察。可是时势所趋，这个不好的风气，实际上会逐渐遍布到全世界。尤其是大众传播工具发达，所以受影响的面就更大了，时间也就更长了。我们遇到亲戚朋友，要能够善于开导他，尤其是这一部《了凡四训》，所说的全是真理真事。

　　做股票有时是很容易发财，所发的财也是命里有的；命里要是没有，即使钱财在我们手上过一过，又能得到什么呢？还是一无所有。带在身上，怕偷、怕抢；放在银行，银行里面钞票很多，去看看跟自己的有什么两样？无非是增长贪、嗔、痴、慢而已，一点儿好处都没有！古人讲得好，人生于世，也不过是"日食三餐，夜眠六尺"而已。与其将福报一时享尽，不如把福报慢慢地享用来得好！所以真正能如理如法地开导，使他们能觉悟过来，不做投机取巧的营生，才是正道、长远之道！

所以"凡与人相处，当方便提撕"，佛法讲善巧方便，使对方欢喜、乐于接受，真正达到警觉的目的。"开其迷惑"，用比喻来说，像"长夜大梦"忽然醒觉过来了，佛门里面叫"开悟"，悟后就是"修"。又好比"久陷烦恼"，我们能把烦恼拔除，得到清凉自在，就是"智慧"；"烦恼"就是迷惑。"惠"，就是对别人最有利益，最大的帮助。

韩愈云："一时劝人以口，百世劝人以书。"

浅释

这是讲善巧方便法。"一时"，是当世。我们分析事理，劝导别人，令他觉悟，这是"口说"，只是有利于当世。如果我们要想劝导广大的群众，乃至于后世之人，最好的工具就是"书"，能够保存得久远。这是劝我们把善言、善行记录下来，才能流传久远。

像了凡先生这四篇文章，原先只不过是给他儿子作警惕而已，并不是要流传到后世，普遍劝导大众的。但是他的德泽，今天流传得这样广大、普遍，这是他没想到的。虽然无心，但做了大善！后世依照他的教训修学，改造命运，离苦得乐的人非常之多，都是受了凡先生之惠。了凡先生这本小册子，就是劝人为善的典型，是他一生改过自新的心得，传给他的子孙，希望他们记住，理解而效法！这是积善里面最有效、最显著、最深广的大善。实在讲这桩事我们人人可行。你说我没有文学的基础，我不能写作，其实不然。我们每天所见的，耳朵所听的，能够一天记一两条，你若能记录下来，也和这个教训相差无几。由此可知，"劝人以口，劝世以书"，不是件难事，只要真正肯发心。

较之与人为善。

浅释
　　这就是前面所讲的，在佛门称为"同事摄"。跟他相处在一起，以身教去影响他，像舜在那一群捕鱼人中一样。

虽有形迹，然对症发药，时有奇效，不可废也。

浅释
　　佛教化众生用四个原则摄受众生（摄受就是感化诱导），称为"四摄法"。第一，"布施"。布施是与他结缘、与他有恩，彼此先结个善缘，说话、办事他才能相信，而喜欢参与。第二，"爱语"。爱语若是完全说他喜欢听的话，那就错了，爱语一定要善巧方便。前面中峰禅师就说过，真正爱人，打他、骂他也是善。但是在责备他的时候，要顾及他是否能承受；不能承受，过分的责备是得不到效果的。凡是责备人最好不要有第三者在场，人都顾全面子，面子下不去，他会起反感。这些都是善巧方便。第三，"利行"。我们所作所为必定于他有真正的利益。第四，"同事"。与他共同来做一桩事，以身教去感化。

佛接引一切众生，不外这四个原则，也可以说是手段。劝人为善是言教，与人为善是身教，不同的地方就在此地。

失言失人，当反吾智。

浅释

可与之言而不与之言，是"失人"；这个人是可教之才，你不去教导他，这是"失人"。不是这个材料，偏偏去教导他，他不能理解，不能接受，这叫"失言"。迎宾待客，与人相处，要用智慧去观察，使我们在一生当中"不失人"也"不失言"。六祖大师在《坛经》里讲得很好，可以接受的应当给他说法，不能接受的就合掌令其欢喜。

何谓救人危急？患难颠沛，人所时有，偶一遇之，当如痌瘝在身，速为解救。或以一言伸其屈抑，或以多方济其颠连。崔子曰："惠不在大，赴人之急可也。"盖仁人之言哉。

浅释

人一生当中往往会遭遇到不幸的事，尤其是在战乱时，遭受颠沛流离之苦，谁都不能保证明天生活会怎么样。所以从十岁开始，家里就训练我们有能力照顾自己的生活，以防万一不幸散失——妻离子散时，还可以生活下去。还有，自己一个人在山林中要有求生的本能。

现在是太平盛世，尤其是现代的儿童，受父母的溺爱。世界会不会永远像这样安定和平下去？如果深入研究世界情势，前途实在并不乐观！这种"患难颠沛"，如果在中年或者晚年遇到，就非常不幸。"当如痌瘝在身"，如果我们见到遇难的人，就像病痛在自己身上一样，所谓"切肤之痛"，一定要伸出援手去帮助他，这就是"无畏布施"。他有苦难、有恐惧时，"速为解救"。

或者是"或以一言伸其屈抑"，"抑"就是受压迫；"屈"是冤枉。这是他的苦难，帮助他申冤，帮助他平反。

"或以多方济其颠连"，"颠连"就是连续的颠沛流离。如果灾难很大，自己的力量不够，我们发起大众的力量来救灾，来救援。崔子说："惠不在大，赴人之急可也。"这是仁者，是真正的慈悲长者之言。恩惠不在大，要救急；救急不救贫。贫困的人要帮助他，使他有谋生能力。帮助他独立，这是最大的恩惠。

何谓兴建大利？小而一乡之内，大而一邑之中，凡有利益，最宜兴建。

浅释

"乡"是乡村，"邑"是城镇。小则为一乡谋幸福，大则为一县、一市谋幸福，就是现代所讲的社会福利事业。政府应该要做，每一个老百姓有力量的都应该要做——造福乡里。

"凡有利益，最宜兴建"，只要有利于一个地方的，都应该努力去做。诸位要有这样一个观念——大家有福，自己才有福；若大家没福，只一个人有福，灾难也免不了。中国有句俗话说："一家饱暖千家怨。"如果我们把自己的福分给大家享，这个社会就安定，天下太平，这是真正的福报。真正有福报是要与大众共享，这是大智慧、大福德之相。今日"兴建大利"，无过于尽心尽力宣传《了凡四训》。

或开渠导水，或筑堤防患，或修桥梁以便行旅，或施茶饭以济饥渴。随缘劝导，协力兴修，勿避嫌疑，勿辞劳怨。

浅释

中国过去以农立国，水利灌溉是最重要的工程建设。"或筑堤防患"，低洼的地方，筑堤防范水灾。"或修桥梁以便行旅，或施茶饭以济饥渴。随缘劝导，协力兴修；勿避嫌疑，勿辞劳怨"，不为自己，是为公众、为地方造福，纵然有一些挫折，也不能阻碍自己的善行——不为一切阻碍所挫折，善事才能真正圆满。初做事时不免有反对的意见，做成功之后大家才深受利益，才知道好处，才感激！所以眼光要远大，有智慧、有爱心、有毅力，善事才能成就。善的标准是利他——利于众生是善，自利就是不善，中峰禅师所说的善恶标准在此。

何谓舍财作福？释门万行，以布施为先。

浅释

这就是修福。"释门万行，以布施为先"，"释门"就是佛教，佛陀教导人修行的方法很多，所以叫"万行"——无量无边的行门。所谓"法门无量"，"法"是方法，"门"是门径；修行的方法门径无量无边。佛陀为了教学方便，将它归纳成六大类，就是"六度"——大乘常讲"六度万行"。这六大类再归纳，实在讲就是一个"布施"。"布施"有财布施、法布施、无畏布施三大类。"六度"都不出布施的范围，像持戒、忍辱可以归在"无畏布施"中；精进、禅定、般若是"法布施"。所以三种布施把佛法的修行都包括了，行门再多都不出"布施"的范围。佛在《金刚经》中，教人应生无所住心，而行布施，是最究竟圆满的修行原则。

所以布施是修福，菩萨修的——菩萨真正在修福，六度都是修福。福里面包括智慧——慧也是福。所以"法布施"得的是聪明、智慧，也属于福；"无畏布施"得健康、长寿，这当然是福；"财布施"得的是财富。中国人说"五福"：第一是福寿，有福有寿；第二是富贵，大富大贵；第三是康宁，健康快乐；第四是好德，其中就包括智慧；第五是考终，就是好死，好死决定好生。念佛往生——我们在这一生当中，看到的、听到的，完全是真的。世间法里一生得到圆满自在——依照这本书去做，决定不错。出世间法里，依《无量寿经》就足够了。真正依照这两本书去修行，世出世间你就得大自在。所以这里劝我们修福，以"布施"为先。

所谓布施者，只是舍之一字耳。达者内舍六根，外舍六尘。

浅释

"布施"，就是放下，就是舍，愈舍愈自在。"达者"，是真正明白通达的人，像那些菩萨们有真正智慧。"内舍六根，外舍六尘"，"六根"是眼、耳、鼻、舌、身、意；"六尘"是外面境界——色、声、香、味、触、法。诸位同修想一想，这些怎么能舍得掉？所谓"舍"，不是在事上舍，事上的肉身怎么舍得掉？肉身不要了也不能解决问题。看到这一句，我要学菩萨道——"内舍六根"——是从心意上舍，就是内舍分别、执着；外不为尘境诱惑。《金刚经》云："不取于相，如如不动。"如如不动是内舍六根，不取于相是外舍六尘；内外俱舍，则明心见性，见性成佛。

过去生生世世迷惑颠倒有生死，从这一生起不再造生死业。所以智者当舍娑婆，念佛往生净土。"往生"是活着去的，不是死后去的——是活着亲见阿弥陀佛来接引，我跟他去的。如果死了以后才去，说老实话，超度还真有效！所以超度的效果是有限的，超度不能超度到西方，只能说使神识减少痛苦。

像"宝志公"是观世音菩萨化身，超度梁武帝的妃子，也只能超度到忉利天，夜摩天以上都没办法了；不可能超度到西方极乐世界。虽然每次超度都希望他"愿生西方净土中"——那只是我们的心愿，事实上他去不了，往生须要靠自己的信愿行。因此一定要趁着自己身体健康时认真修学，要认真去念阿弥陀佛，求生净土！

"舍",是从心地上舍,就是心不牵挂五欲六尘,也不牵挂自己的身体,身心都不牵挂。凡夫妄想、执着很重,身心世界都不牵挂确实是难,妄想会常常起来。净宗修行方法就是转换观念,教你牵挂阿弥陀佛!把念头一转,身心世界就舍掉了,专门去想阿弥陀佛、念阿弥陀佛,这才是真正的菩萨行。

　　一切所有,无不舍者,苟非能然,先从财上布施。

浅释

　　"一切所有",《金刚经》云:"凡所有相,皆是虚妄。"故教人都要舍掉,心里面都不要挂念。"苟非能然",如果我们做不到,"先从财上布施"。舍财不为财物所诱惑,我们的心不会被财物所转。

　　世人以衣食为命,故财为最重,吾从而舍之。内以破吾之悭,外以济人之急,始而勉强,终则泰然,最可以荡涤私情,祛除执吝。

浅释

　　佛陀教人了生死、出三界、超凡证圣,就是用此法。初舍的时候,总是有点勉强,舍了很难过,舍了之后还后悔。须是有智慧、有决心慢慢地养成施舍习惯,就自然了。每一个人修学都会经历这样的过程,到最后烦恼决定减轻,贪吝逐渐就淡了。对于一切财物受用,没有把它放在心上，心就自在了。心得自在，身也自在，性德逐渐透露出来，就会得大自在。尤其是"因果定律"，世出世间法都不会变更的。财布施愈多，你财富也愈多。财从哪里来的？连你自己都不晓得。法布施愈多，聪明智慧愈增长。所以不要吝财，不要吝法。吝财，得贫穷的果报；吝法，得愚痴的果报。不肯修无畏布施得的是病苦、短命的果报。

富贵五福都是从布施得来的，布施是因。我们要想得好的果报，就要修因；有因才有果。不肯修因妄想得果报，无有是处。

何谓护持正法？法者，万世生灵之眼目也。不有正法，何以参赞天地？何以裁成万物？何以脱尘离缚？何以经世出世？

浅释

"正法"，就是大圣大贤以真实智慧亲证之法，如儒佛大法。"法者，万世生灵之眼目也。不有正法，何以参赞天地？何以裁成万物？何以脱尘离缚？何以经世出世？"这是先把护持正法的重要性说出来。

"护持正法"，在中国首先要护持孔、孟、老庄，若不在这上面打基础，佛法就没有根。袁了凡时代没有问题，那是明朝，念书人没有不读孔子书的。四书五经、诸子百家，都有相当的基础。今天佛法衰败到这个地步，要知道原因在哪里，这才是根本之根本。儒家教我们做人，人都做不好了，还能做菩萨？还能成佛？诸佛菩萨是建立在人道的基础上，因此"四书"纵然不能完全读，《大学》《中庸》《论语》是非读不可的。《大学》《中庸》《论语》只有整个"四书"分量的一半而已，应当要熟读，才知道怎么样做人。这是佛法的基本，根本的根本。古今注解里面好的，我们把它汇集起来，普遍地来流通。我们过去印的本子是石印的本子，没有版权，是朱熹注的《四书集注》。这应当提倡，要从我们自己本身去做。

所以学佛的人一定要念"四书"。实在讲，能念"四书"，能懂得中国的历史文化，爱国家、爱民族的心才能真正生得起来。现在人把国家民族忘掉了，这是教育的失策，也是教育的失败。现在只着重科技的教育，把做人的教育忘掉了。科技再发达，却不知道做人的教育，古人说："人与禽兽相去几希？"人也是动物之一，如果不知道道德、仁义，则人与禽兽差不了多少。人是一切动物里面最坏的动物，最残忍的动物；所以要救度一切众生，先要救人。人要能从恶转过来向善，一切众生都幸福了，他们才能真正各得其所，这是圣贤教化众生的目标。

"正法"，包含儒、佛的道统，真正是万世生灵之眼目。"不有正法，何以参赞天地？"天地有养育万法之功德。天生之，地养之；天地有养育万物之恩。人如果能明白这个道理，不但不会破坏自然生态，而且会协助自然生态，使它更为圆满，一切众生都能够各得其所，这就是"参赞天地"。"参"是参与，"赞"是赞助。天地功德多大！真正有道德、有学问的人，可以参与赞助天地化育。世间大圣大贤与诸佛菩萨皆是此类。佛门讲："若能转物，则同如来。""转物"是转变自己的观念、自己的念头，舍私欲而能够与天地日月合其光明，参与化育，这是自行化他的真实功夫。然后全心全力地帮助一切众生——"裁成万物"。像诸佛菩萨弘法利生，指导众生舍妄证真，真正利于众生，才是"陶铸群伦"。"群伦"是指九法界的众生；"陶"是陶冶，"铸"是铸造。能跟天地造化一样，成就一切万物，这个功德就大了！"脱尘离缚"，这就是断烦恼、开智慧，转迷成觉。

"经世出世"，圣贤的行为是众人的模范，圣贤的言语教训是经典，他们的言行都是超时间、超空间的。他所说的话，他的行为、思想、言论，无论在什么时候，无论在什么地区，都是绝对正确没有错误的，这叫"经世圣贤事业"。佛经超越时空，三千年前释迦牟尼佛这样教导当时的人；三千年后的今天我们展开经典，觉得佛所讲的句句都有道理，应当依教奉行。尤其是净宗经典，决定一生得生净土，超越世间，这叫"出世"。佛当年在印度说法，传到中国来。中国跟印度不一样，但他的言行也适合中国。现在我们把它搬到欧洲、美洲都适合，这叫"经世出世"。

同样，孔孟思想就是这一部"四书"，是中国文化的结晶。孔孟是两千五百年以前的人，他所讲的东西，对于国家、社会、家庭，以及个人有一定的益处。"四书"拿到外国跟外国人讲，外国人听了都点头，也都认为是对的，这就是超越时空。所以孔孟、老庄的思想也是超时间、超空间，是真正的经典之作、经世之学。当然，经世之学古今中外都有，但是我们仔细比较一下，最精彩的无过于孔孟、诸佛菩萨。

佛教里的经典，实在讲无过于《无量寿经》，这是佛法里登峰造极的一部经典。中国固有道统之精华是"四书",所以朱子的功德也是不可思议!"四书"的内容很像《华严经》。《华严经》里面有理论、有方法、也有表演——就是把理论、方法做出来给人看。"四书"就是这个编法。《中庸》是理论,《大学》是方法,《论语》跟《孟子》是孔夫子与孟夫子一生所做的,就是把理论、方法应用在生活上、事业上,在处事、待人、接物上做出来给我们看。所以《论语》《孟子》就跟《华严经》的五十三参一样,做一个榜样给我们看;理论与方法是《大学》《中庸》两篇。所以"四书"的框架结构跟《华严经》完全相同。朱子是一个学佛的人,佛学造诣很深,是不是受《华严经》的启示,编成这个教材就不可得知了!但是它确确实实像《华严经》。

前面一段讲的"经世",是为世间提供一个标准、一个典范。再说到"出世",实在出世间与世间并没有界限。世出世间的差别,就在迷、悟;觉悟了就超越世间。一念迷就是世间,一念觉就是出世间。

故凡见圣贤庙貌,经书典籍,皆当敬重而修饬之。

浅释

圣教就是圣人的教化、圣贤人的教育,与世道人心、风俗习惯、社会的安和乐利、大众的幸福,有非常重要的关系,自古贤哲们把它比作"人天眼目"。我们应当如何来护持?寺院是佛陀教育的机构,学校是世法教学的场所,必须要维护。

中国教育是发展理性、启发智慧，使接受教育的人明白伦理、知道道义；使他彻底认清人与人的关系、人与物的关系、人与天地大自然间之关系，做一个顶天立地之人，我们才有幸福可言，国家、民族才有真正的前途，那才是教育。民国初年废除了读经，当时多少贤哲痛心疾首。那时所造的因，我们今天尝到了恶果；尝到恶果还不觉悟，怎么得了！这样的心态足以亡国灭种。这是我们废除读经的后果，是摧毁了正法！所以儒家、道家的道统不能维护，大乘佛法也决定不能建立。佛法在中国两千年，能发扬光大，就是建立在儒、道的基础上，今天把根挖掉了，基础挖掉了，所有一切佛法全是空谈。

　　古时候读书，书本不是自己的，不可以写字作记号。书本用后还要流传给后人去念，自己需要的话可以抄一本。从前印刷术不发达，得到一本书相当珍贵，这是教我们要珍惜、要尊重、要爱护。古书如破损，须知修补翻印流通，方不至于失传——功德最大。

至于举扬正法，上报佛恩，尤当勉励。

浅释

　　这一句是教我们要弘法利生，把儒、佛的教化发扬光大，普遍利于一切众生，这是真正的"上报佛恩"。要做到这一点，有两桩事情要先做：第一，要替佛教培养弘法的人才。第二，要建立弘法的道场，使这些弘法的人才能有良好的修学环境。现代弘法人才少，与其求人，不如求己。请别人发心，人家未必肯发心；你既然请别人发心,为什么不回头来请自己发心?这比求人要方便多了。建大道场是希望多数人有机会来接触佛法、理解佛法;而现代最理想的道场,无过于电视台,把佛法送到每个家庭里面去。我们礼请很多的善知识,选择利于社会的经论,轮流来讲。佛法是建立在儒、道的基础上,应该先讲"四书",再讲大乘佛法,才得受用,讲佛法才不是空谈。所以要想提倡佛道,要先提倡中国固有的文化传统。这就是培养人才、建立道场。

  建道场是不希望诸位花那么多钱去盖个庙,庙盖好了之后,里面必然又是斗争坚固,钱花得没有意义。学了佛,有了智慧总要明了,钱财是过眼云烟!再多的钱财,只是给你看看而已。你们想一想,哪一张钞票你们拿去收在家里保存?哪里是自己的?自己的应该保存着,不应该给别人;一到手马上就给别人了,真是过眼云烟,所以不要把它看重!

  有一位同修移民到国外,他做股票,告诉我一千万才进来,又丢掉了。我就告诉他,为什么不听《了凡四训》呢?命里没有的,丢掉再多,心里也不要烦恼。所以赚了钱也不要欢喜,丢了也不要烦恼。每天浪费光阴,才是真正可惜。把大好光阴拿来念佛,这是真正聪明有智慧的人。人要明白事理,自己努力修学,弘法利生,功德无量无边,诸佛菩萨都赞叹。

  何谓敬重尊长?家之父兄,国之君长,与凡年高德高位高识高者,皆当加意奉事。在家而奉侍父母,使深爱婉容,柔声下气,习以成性,便是和气格天

之本。

浅释

中国古代的小学着重于基础教育。教"孝"、教"顺"、教"敬"、教"诚"，以这些为教学的纲目，真所谓"少成若天性"，作为培养圣贤人的根基。中国自古以来的社会传统，是圣贤的教学，治国也是圣贤的政治。"建国君民，教学为先。"若教育本质没有认识清楚，错误的观念，足以毁灭国家民族！中国过去从政的人，没有一个不念圣贤书的，纵然自己有私心，还是有范围、有准则，不敢过分越轨，多少还受良心的谴责。现在作奸、犯科、造恶，认为理所当然——耻心没有了，也就是天理良心没有了。的确人跟禽兽没有差别，这是最可怕的。

希望同修们要认识清楚，"诚敬"是学佛的根基，是入佛之门。"诚敬"的培养就在家庭。在家能够孝顺父母，尊敬兄长，他到社会上才能忠于国家，服从长官，对职务尽忠职守，为国家、为社会、为老百姓服务。"习以成性"，习性培养成了，便是"和气格天"——和平、心平气和就能感动天地鬼神。

出而事君，行一事，毋谓君不知而自恣也；刑一人，毋谓君不知而作威也。事君如天，古人格论，此等处，最关阴德。试看忠孝之家，子孙未有不绵远而昌盛者，切须慎之。

浅释

　　所谓忠孝传家远。现在父子是朋友关系，伦理毁掉了。伦理是性德——中国儒家、道家所讲的。展开佛法仔细观察，全是性德的流露；舍弃私心（私心是迷惑），性德才会往外流露。这些大圣大贤一丝一毫的私心都没有，全是性德的流露。孔夫子的学说是自性的流露，我们如果自性心现前时，流露出来的就跟他是一样的。就像灯光一样，他的灯光亮了，我的灯光也开了；光光交融，成为一体，是自性的流露。这才是真正的伟大，真正的不可思议，是圆满的性德。

　　开发性德必须要用"孝敬"来做工具，才能明心见性。佛法里讲开发性德最重要的一个条件就是"发菩提心"，儒家亦复如是。"诚意、正心"，就是佛所讲的大菩提心。凡事能够存心真诚，不自欺、不欺人，以孝顺心、恭敬心处事、待人、接物。只是默默去做，真正积善累德，"此等处，最关阴德"。果报可以从历史上来看，也可以从现前社会上观察。可见得这是事实，绝对不是虚妄。所以我们动一个念头，做一桩事情，决定不要认为别人不知道。人或许不知，天地鬼神、诸佛菩萨没有一个不晓得的。了凡先生前面给我们讲，改过要三种心——耻心、畏心、勇猛精进心。成圣、成贤、成菩萨、成佛，你只要真正圆发此三心，的确一生足以成办。

　　何谓爱惜物命？凡人之所以为人者，惟此恻隐之心而已，求仁者求此，积德者积此。

浅释

"恻隐之心"就是仁民爱物之心。见到一切动物有苦难，自自然然就生同情心，这就是"恻隐之心"。大家有没有？相信每个人都有。如果你们看一出悲剧会流眼泪，这就是恻隐之心。电视、电影的悲剧，那还不是真正的人物在面前遭受苦难，你都有这个心，更何况真正见到一切人、物遭受苦难，一定会伸出援助之手。

不但人有恻隐之心，动物也有，这确实是天性，就是本性的性德。动物的本性跟人的本性不二，不过它比人迷得更深，才变成了畜生。十法界一切众生同一个真如本性，所以佛在大乘法里才说："同体大悲，无缘大慈。"恻隐之心就是怜爱之心、怜悯之心，是从自性里流露出来的。"求仁"，就是求的这个；"积德"，也是积的这个。希望把仁者爱物之心培养扩大，能够真正地爱一切人、爱一切物，我们尽心尽力去帮助他们。

　　周礼，孟春之月，牺牲毋用牝。

浅释

"孟春"是初春。古时候祭祀，最大的祭典用三牲——"牛、羊、猪"；普通民间祭祀只用猪。春天用的"牺牲"（祭祀用），不用母的，因为母的怀孕，杀一个等于害两条命，这是仁慈。

　　孟子谓君子远庖厨，所以全吾恻隐之心也。

浅释

　　孟子的用心，跟佛法讲的"三净肉"一样——不见杀、不闻杀、不为我杀。因为佛法当时在印度，其生活方式是行托钵的制度，人家施舍什么就吃什么，不分别、不执着，没有选择。这是大慈大悲，一切随缘而不攀缘，人家供养什么就吃什么。一直到今天，像泰国、锡兰这些小乘国家还是如此。佛法传到中国，中国是当时最先进的"礼仪之邦"，且中国人不重视乞食；当时法师是朝廷礼请到中国来，当然不能叫他出去讨饭，所以就在宫廷里接受供养。托钵的制度在中国从来没有实行过，但是那时供养出家人还是"三净肉"。

　　素食是梁武帝提倡的。所以现在全世界学佛的人，不论出家、在家，只有中国佛教是素食，全世界学佛的人都没有素食的习惯。我们参加国际会议时，见到外国出家人没有吃素的。所以诸位要晓得，佛教传统是吃"三净肉"，不是素食，素食是中国人提倡的。素食卫生、卫性、卫慈悲心，仁民爱物做得真正彻底、真正究竟，值得提倡推广。

　　"远庖厨"，是远离厨房。不见杀、不闻杀，吃得就比较安心了——实在讲心还是不安；最好是不吃众生肉，尤其是现代的众生肉更不能吃。现代的肉品含有许多毒素，导致现代人常常得了一些怪病。病从哪里来的？肉食来的。古人讲"病从口入"，现代人是三餐在服毒，哪里是在吃饭！每天服三次毒，想想看，你的身体怎能不病！当然是百病丛生了。

故前辈有四不食之戒，谓闻杀不食，见杀不食，自养者不食，专为我杀者不食。

浅释

这是佛法三净肉又多加一条——出家人不许饲养畜生。在家自己养的，自己再杀了吃，实在是讲不过去。

学者未能断肉，且当从此戒之。

浅释

实在不能断除肉食，应当要守食"三净肉""四不食戒"，以培养大慈悲心。

渐渐增进，慈心愈长，不特杀生当戒。蠢动含灵，皆为物命。求丝煮茧，锄地杀虫，念衣食之由来，皆杀彼以自活，故暴殄之孽，当与杀生等。

浅释

我们生活在这个世间，不过短短几十年，维系自己的生命，竟然是杀它以养己。对于一切众生，无论有意无意，都亏欠得太多！也由此可知自身造的业有多重！所以佛说："如果罪业要有形状、、体积的话，尽虚空都容纳不下。"我们业障有这么多、这样重！想到此处，警觉心才真正提得起来。如何能对得起天地一切众生？不但要严持"不杀生"这条戒，在饮食起居上也一定要节俭，决定不能糟蹋。

"暴殄之孽"，就是糟蹋一切生活必需品，不知道爱惜。现代人提倡消费，不消费，工厂就得倒闭，经济就不能发达。这种学说，诸位想想正确吗？如果中峰禅师听到这些话一定会说："未必然也。"——不见得正确，而且是非常不正确。美国是一个提倡消费的国家，消费的结果还是经济逐渐走下坡了。唯有节俭才是富庶、康宁之道。没有积蓄的习惯，国家如何富强？人民如何能得安定的生活？若无储蓄，失业就要靠国家救济，增加国家的财政负担。若有积蓄的习惯，即使失业或有灾难，我们还能活得下去，不必依赖国家。这是真正值得我们认真去反省的，所以一定要爱惜资源物力。

至于手所误伤，足所误践者，不知其几，皆当委曲防之。古诗云："爱鼠常留饭，怜蛾不点灯。"何其仁也！

浅释

这些话我们只能自己去理解体会，在现代社会上决定是被否定的——怎么可以"爱鼠"？老鼠对人类是有害的，故常见有"灭鼠运动"！世间人不晓得六道轮回；这些老鼠被杀死了，会不会有冤冤相报呢？杀它、灭它是不是真能解决问题呢？除此之外有没有别的办法？没有杀人不偿命、欠钱不还钱的。"因果通三世"，要是真正晓得事实真相，为非作歹的事绝对不能做。你若是做了，还是自己吃亏！想占人家的便宜占不到，人家想占我们的便宜也占不到。明白这个道理，我们绝对不会伤害一切众生，不跟它结冤，不欠人家的债，自己这一生心安理得。世间唯真诚、清净、慈悲，才能解决世人所无法解决之难题，所以佛经不可不读。

善行无穷，不能殚述，由此十事，而推广之，则万德可备矣。

浅释

"由此十事，而推广之，则万德可备矣。"四训里这一章是主要的一章。"积善"是建立在"改过"的基础上，"改过"是建立在明白因果的概念上。第一章讲因果报应，再教我们改过、积善，末后"谦德之效"一章是全书的总结。

第四训　谦德之效

题解

"谦"，能保持善果，否则虽"积"也保不住，也是枉然。"善"真正能保持，要靠"谦"——"谦德之效"。所以《金刚经》里讲布施（修善），用忍辱来保持。不能忍辱，修积再多都落空。儒家的保持方法就是"谦德"。

《易》曰："天道亏盈而益谦，地道变盈而流谦，鬼神害盈而福谦，人道恶盈而好谦。"

浅释

"盈"，是满。我们看月亮的盈亏，就能体会到这个道理。满月后的亮光必定是一天一天地减少；月未满时，光明会一天一天地增加，增加一点就是"益谦"。"满招损，谦受益"，我们从这些地方就能体会"天道"（大自然的定律）。

"地道变盈而流谦"，"盈"是盈满。你看水满就往低洼的地方流，这是地道之形象。鬼神看到你得志，就生起嫉妒心，就想方法加害于你，找你的麻烦。当你什么都没有的时候，鬼神也怜悯你、同情你，想帮助你一点。人也是如此，"人道恶盈而好谦"，"恶"是厌恶。前清曾国藩，官位最高曾经做到四省的总督，真的像小皇帝一样。他书念得多，知道已经过了头，不是好事情，就为书房题名"求阙斋"，以明其志。人皆求圆满，曾先生求阙；要求欠缺一点，不能盈满。地位愈高愈谦虚，所以他能够保得住，一直到现在，他的后人都相当好。这是他自己有德行，修善积德，后人能遵遗教，所以富贵能常保。

是故谦之一卦，六爻皆吉。

浅释

《易经》六十四卦，每一卦都有吉有凶，总是吉凶相参的，只有谦卦"六爻皆吉"。六十四卦只有这一卦！这个卦象称为"地山谦"。上面是坤卦，坤是地；下面是艮卦，艮是山。高山是在地底下，这表谦虚。所以德位愈高，愈要卑下。

《书》曰："满招损，谦受益。"

浅释

世出世间真正得好处、得大利益必是谦虚之人。"满"，就是今天所讲的骄傲。

余屡同诸公应试，每见寒士将达，必有一段谦光可掬。

浅释

　　这是了凡先生以他一生的经验来观察,《易经》《尚书》里所讲的非常有道理,都应验在日常人事之间。他每一次去参加考试,跟同伴一块去,看到这一科会考中的人都很谦虚。从这些经验去观察,这个人能不能考中,几乎都可以预料得到。

　　辛未计偕,我嘉善同袍,几十人,惟丁敬宇宾,年最少,极其谦虚。余告费锦坡曰:"此兄今年必第。"费曰:"何以见之?"余曰:"惟谦受福,兄看十人中,有恂恂款款,不敢先人,如敬宇者乎?有恭敬顺承,小心谦畏,如敬宇者乎?有受侮不答,闻谤不辩,如敬宇者乎?人能如此,即天地鬼神,犹将佑之,岂有不发者?"及开榜,丁果中式。

浅释

　　"辛未计偕",就是与同伴一起去参加考试。"敬宇"是号,"宾"是名。这个人年纪很轻,"极其谦虚"。"余告费锦坡曰",费锦坡也是同行的一个。"此兄今年必第",了凡先生观察判断他一定登第,一定考取。"费曰:'何以见之?'"他说,你怎么知道?"余曰:'惟谦受福。'"了凡说明他观察人理论的依据。"兄看十人中",请看我们十个同伴之中,"有恂恂款款,不敢先人,如敬宇者乎?"这是形容其忠厚老成。十个人当中,忠厚老成哪一个人比得上他？"有恭敬顺承，小心谦畏，如敬宇者乎？有受侮不答，闻谤不辩，如敬宇者乎？"这两句非常难得，别人侮辱他、侵犯他，他都能包容，都能不计较，量大福大。"'人能如此，即天地鬼神，犹将佑之，岂有不发者？'及开榜，丁果中式。"他果如所料考取了！这是一个例子。

丁丑在京，与冯开之同处，见其虚己敛容，大变其幼年之习。李霁岩，直谅益友，时面攻其非，但见其平怀顺受，未尝有一言相报。

浅释

"丁丑"年了凡在京师，他与朋友"冯开之"相处。"见其虚己敛容"，看到他的学问、他的修养。"大变其幼年之习"，他在年轻的时候不是这样的，几年没见，完全不相同。"李霁岩，直谅益友"，李霁岩是他的好朋友，"时面攻其非"，这个朋友的确是我们所说的"益友"——看到他有毛病当面就呵斥，当面就教训。"但见其平怀顺受，未尝有一言相报"，人家指责他，他都能接受。正所谓："有则改之，无则加勉。"我没有过失，人家冤枉我，也不怨人！责备总是好的，实在讲，责备的人才是真正爱护自己。自己儿女有过失，你会责备；邻居的儿女有过失，为什么不责备呢？所以纵然是错误，也是出于爱心，因此都能顺受——感激受教。

余告之曰："福有福始，祸有祸先，此心果谦，天必相之，兄今年决第矣。"已而果然。

浅释

了凡先生告诉他说，祸福都是有征兆，有预兆的。"'此心果谦，天必相之，兄今年决第矣！'已而果然。"了凡先生有学问，而且又得孔先生的真传，会看相算命。看相算命是其次，看到一个人断恶、修善、积德，才是真正创造命运、改造命运。所以他的判断可以说相当准确——冯先生果然在当年考中。

赵裕峰光远，山东冠县人，童年举于乡，久不第。其父为嘉善三尹，随之任。慕钱明吾，而执文见之，明吾悉抹其文，赵不惟不怒，且心服而速改焉。明年，遂登第。

浅释

"三尹"，就是县政府里面第三等的职位。县长是"大尹"，主任秘书是"二尹"，科长是"三尹"。"赵裕峰"先生，随父在"嘉善"县时，"慕钱明吾，而执文见之"，钱明吾是当时的一位学者，他对钱明吾先生非常仰慕，拿着自己的文章去请教。"明吾悉抹其文"，钱先生把他的文章大幅修改。这在一般人会很难过，纵然写的文章不好，也不会改那么多！"赵不惟不怒，且心服而速改焉。明年，遂登第。"此处我们看到赵先生的谦虚、真诚、恭敬以及认真学习的态度，所以他才会进步——

第二年就考中了！

壬辰岁，余入觐，晤夏建所，见其人气虚意下，谦光逼人。归而告友人曰："凡天将发斯人也，未发其福，先发其慧。此慧一发，则浮者自实，肆者自敛。建所温良若此，天启之矣。"及开榜，果中式。

浅释

"壬辰"年，了凡先生"入觐"时，遇"夏建所"先生。见到夏先生"谦光逼人"，对人恭敬有礼。这一段里面最重要的一句话，就是"天将发斯人也，未发其福，先发其慧"，前面说，没有慧不能修福，修也得不到福。为什么呢？福善有真、假，有半、满，有是、非，你不认识！好心修福，谁知道造了一身罪业；造了罪业，自己还以为是在修福。所以要先读书，读书才明理。理明白之后，才知道什么是福田，应该怎样种福。人若智慧现前，自然收敛、稳重、温良、谦敬、忍让。夏先生也是在这一科考中了！

江阴张畏岩，积学工文，有声艺林。甲午，南京乡试，寓一寺中，揭晓无名，大骂试官，以为眯目。

浅释

"张畏岩"先生，有才学，文章写得很好，在一般读书人之间也很有名气。"甲午"年参加"南京乡试"，结果没考中。怨天尤人,大骂主考官没有眼睛,这么好的文章他没录取。

时有一道者,在傍微笑,

浅释

当时有位老道,听他大骂主考官有眼无珠,不录取他的文章,在那里发脾气。老道在旁边微笑。

张遽移怒道者。

浅释

张先生见老道在笑他,他的气就发到老道身上。

道者曰:"相公文必不佳。"

浅释

老道说:"你的文章一定不好,所以主考官没录取你。"

张益怒曰:"汝不见我文,乌知不佳?"

浅释

张先生听了老道的批评,火气更大了。他说:"你没有见到我的文章,怎么知道我的文章不好?"

道者曰:"闻作文,贵心气和平,今听公骂詈,不平甚矣,文安得工?"

浅释

老道说:"我听说做文章要心平气和,像你脾气这么暴躁,你的文章怎么会做得好?"张先生毕竟是念书人,念书人服理。老道说得有理,他不得不服。

张不觉屈服,因就而请教焉。

浅释

老道所言的确是有至理,想想是自己错了!于是回过头来,向老道"请教"。由此可见,张先生知过即改,这才是真学问、真功夫。

道者曰:"中全要命,命不该中,文虽工,无益也。"

浅释

这是真正知道命运,因果报应丝毫不爽。中不中与文章没有多大的关系。与"命"有关系;功名如此,富贵也如此。你发不发财,与你做生意,怎样经营、怎样策划,都没有关系!问你命里有没有?有发大财的命,即使没念过书,什么都不懂,还是发大财。财是怎么发的,他自己也不晓得,年年都有那么多财富收入,这是他命里有!如果命里没有,想尽方法,使尽手段也得不到。

今天,人不知命,不信命运,胡作妄为。天天造罪业,还想得好报,哪有这个道理!为什么从前人的果报,很快就能见到,而现代人造的因果似乎见不到?这是因为大家都造恶,一个一个报来不及了!到时候必定是算总账,一笔就消掉了。一个人的文学、才艺、富贵、寿、考都要有命运。创造命运,改造自己的命运,这才是真正聪明、真正有智慧。否则,若是命里没有,非理非分地妄想求得,最后都落空,时间、精力都浪费了,那才叫可惜!

"须自己做个转变。"张曰:"既是命,如何转变?"

浅释

这就是云谷禅师教了凡先生的——一定要自己改造自己的命运。命里注定的也能变?命里注定是常数,你能断恶修善就有变数。你不知道断恶修善,那就是真的一生都受命运的安排。果然能够断恶、修福、积德,你的命运决定会改变。

道者曰:"造命者天,立命者我,力行善事,广积阴德,何福不可求哉?"

浅释

  这是老道教他改造命运的方法，了凡居士在前面已经细说了。

  张曰："我贫士，何能为？"

浅释

  张先生说："我很贫寒，能拿什么来修福呢？"

  道者曰："善事阴功，皆由心造，常存此心，功德无量。"

浅释

  老道说："善事阴功，皆由心造。"不需要钱财。往往没有钱的人能够积大功、积大德。有钱的人未必能造福、能积德。

  "且如谦虚一节，并不费钱。"

浅释

  这是举例说明。像你刚才那个态度就是太傲慢了！你能谦虚一点就是善、就是德，这不需要花钱。

"你如何不自反，而骂试官乎？"

浅释
　　考试不中，应当自己反省，改过自新，怎能责怪主考官？这是眼前的事情。可见善恶、祸福，确实在一念之间。

　　张由此折节自持，善日加修，德日加厚。丁酉，梦至一高房，得试录一册，中多缺行。问旁人，曰："此今科试录。"问："何多缺名？"曰："科第阴间三年一考较，须积德无咎者，方有名。如前所缺，皆系旧该中式，因新有薄行而去之者也。"后指一行云："汝三年来，持身颇慎，或当补此，幸自爱。"是科果中一百五名。

浅释
　　这些事情，诸位读了能相信，你就有福；你要不相信，福就很薄。天地鬼神与我们人间一举一动、一言一笑，皆有密切的关系。这不是迷信，这是事实。从前朱镜宙老居士在世时，我初闻佛法，他为我讲过很多故事，是他亲身经历的、亲眼见的、亲耳听的——就是战争里也没有冤枉死的。生死有命，该怎么死，阴曹地府都有记录，没有一个是冤死的。所以你不要自以为是现代受过科学洗礼的人，科学人也逃不出阎罗王的手掌，这些全是事实，决非妄语。相信就有福了！这是圣贤人的教训。我们一定要认真觉悟。

由此观之，举头三尺，决有神明。趋吉避凶，断然由我，须使我存心制行。

浅释

"举头三尺，决有神明"，这也是事实。然吉凶祸福，原由我造，因此起心动念定要觉悟。佛教我们"觉而不迷、正而不邪、净而不染"；佛教我们"应无所住而行布施"，行为要约束、要合礼。我们要遵守古礼，要遵守教诲，学佛就是为一切众生做个好榜样。存好心、做好事、说好话、做好人，做到尽善尽美，就是佛菩萨。

毫不得罪于天地鬼神。

浅释

既然发心修学净宗，一定要把《无量寿经》变成自己的思想、见解、行为。我们就跟阿弥陀佛没有两样，这叫学佛！从内心行持上真正去做，遵依阿弥陀佛心、愿、解、行的样子，塑造自己。以《了凡四训》作为助缘，《无量寿经》是我们的正课；持戒念佛，正助双修，这一生中决定往生不退成佛！一心一意作佛去！声闻、缘觉犹不为。从前禅宗参学，云"吃茶去"！今天我教你"作佛去"！真正可以作佛，一点也不假。如是则必得天地鬼神之佑护。

而虚心屈己，使天地鬼神，时时怜我，方有受福之基。彼气盈者，必非远器，纵发亦无受用。

浅释
　　看看眼前国内外那些发达的人，一些显然满盈、器度不大，是谓富而不乐——不得真实受用。我听说有些有钱的人，躲躲藏藏，怕人家找他麻烦，怕黑社会找他，生活痛苦不堪。那是受苦，不是享乐！人生在世要快快乐乐，不要痛苦，这才是幸福的人生。

　　稍有识见之士，必不忍自狭其量，而自拒其福也。况谦则受教有地，而取善无穷。

浅释
　　这两句话我们要记住，一定要认真学习，尤要学"谦虚"。

　　尤修业者，所必不可少者也。

浅释
　　"修业进德"关键就在"谦"字，要学着不如人，人皆有擅长为我不及——是真正的不如人，不是假装不如人。若表面上谦虚，实际上还是很自负；纵然人家看不出来，天地鬼神、诸佛菩萨早看清楚了。所以"谦"要真正从内心里面发出来，没有丝毫的虚假。善人我不如他，恶人我也不如他！真正谦虚——他有善行我没有，我不如他；他作恶，我不敢，我也不如他。这才是"谦"到了底，山才真正埋在地底下！像《善财童子五十三参》，就是"地山谦"的具体实践。学生只有我一个，其他都是我的老师，我的善知识。《五十三参》实在讲他所学的是什么？"谦"之一字而已。最后他圆满成佛了！

古语云："有志于功名者，必得功名；有志于富贵者，必得富贵。"人之有志，如树之有根，立定此志，须念念谦虚，尘尘方便，自然感动天地。

浅释

这一节开示的话很要紧。立定志向，谦虚精进，才能满愿；果能依教力行，"自然感动天地"。

而造福由我，今之求登科第者，初未尝有真志，不过一时意兴耳，兴到则求，兴阑则止。孟子曰："王之好乐甚，齐其庶几乎？"余于科名亦然。

浅释

最后了凡先生引用孟子的话作为总结。我自己一个人好乐，何不与民同乐？与民同乐才是真乐！所以凡是自己喜欢的，最好能把欢喜扩大，这才是正确的，这是真正的富贵。譬如在台湾地区，老百姓都迷在财富上，如果大家能明白这个道理，地区与全民共同来创造财富，共享财富，共享安和乐利；"民之所好而好之，民之所恶而恶之",这才是"顺应民心"。

我们用智慧修善积德,创造财富。要帮助全世界落后的地区、贫穷的地区,这种富贵创造得才有价值、才有意义。财富据为己有,祸害就近了!

附 录

了凡四训

袁了凡

余童年丧父,老母命弃举业学医,谓可以养生,可以济人,且习一艺以成名,尔父夙愿也。

后余在慈云寺,遇一老者,修髯伟貌,飘飘若仙,余敬礼之。语余曰:"子仕路中人也,明年即进学,何不读书?"余告以故,并叩老者姓氏里居。曰:"吾姓孔,云南人也。得邵子皇极数正传,数该传汝。"余引之归。告母,母曰:"善待之,试其数。"纤悉皆验。余遂起读书之念。

谋之表兄沈称,言:"郁海谷先生,在沈友夫家开馆,我送汝寄学甚便。"余遂礼郁为师。

孔为余起数。县考童生,当十四名,府考七十一名,提学考第九名。明年赴考,三处名数皆合。

复为卜终身休咎,言某年考第几名,某年当补廪,某年当贡,贡后某年当选四川一大尹,在任三年半,即宜告归,五十三岁八月十四日丑时,当终于正寝,惜无子。余备录而谨记之。

自此以后,凡遇考校,其名数先后,皆不出孔公所悬定者。

独算余食廪米九十一石五斗当出贡,及食米

七十余石,屠宗师即批准补贡。余窃疑之。后果为署印杨公所驳,直至丁卯年,殷秋溟宗师见余场中备卷,叹曰:"五策,即五篇奏议也,岂可使博洽淹贯之儒,老于窗下乎?"遂依县申文准贡,连前食米计之,实九十一石五斗也。

余因此益信进退有命,迟速有时,淡然无求矣。贡入燕都,留京一年,终日静坐,不阅文字。

己巳归,游南雍,未入监,先访云谷会禅师,于栖霞山中,对坐一室,凡三昼夜不瞑目。

云谷问曰:"凡人所以不得作圣者,只为妄念相缠耳。汝坐三日,不见起一妄念,何也?"

余曰:"吾为孔先生算定,荣辱死生,皆有定数,即要妄想,亦无可妄想。"

云谷笑曰:"我待汝是豪杰,原来只是凡夫。"

问其故,曰:"人未能无心,终为阴阳所缚,安得无数?但惟凡人有数,极善之人,数固拘他不定;极恶之人,数亦拘他不定。汝二十年来,被他算定,不曾转动一毫,岂非是凡夫?"

余问曰:"然则数可逃乎?"

曰:"命由我作,福自己求。诗书所称,实为明训。我教典中说,求富贵得富贵,求男女得男女,求长寿得长寿,夫妄语乃释迦大戒,诸佛菩萨,岂诳语欺人?"

余进曰:"孟子言,求则得之,是求在我者也。道德仁义,可以力求,功名富贵,如何求得?"

云谷曰:"孟子之言不错,汝自错解了。汝不见六祖说:一切福田,不离方寸。从心而觅,感无不通。

求在我，不独得道德仁义，亦得功名富贵，内外双得，是求有益于得也。若不反躬内省，而徒向外驰求，则求之有道，而得之有命矣。内外双失，故无益。"

因问："孔公算汝终身若何？"余以实告。

云谷曰："汝自揣应得科第否？应生子否？"

余追省良久，曰："不应也。科第中人，类有福相，余福薄，又不能积功累行，以基厚福，兼不耐烦剧，不能容人。时或以才智盖人，直心直行，轻言妄谈。凡此皆薄福之相也，岂宜科第哉？地之秽者多生物，水之清者常无鱼。余好洁，宜无子者一。和气能育万物，余善怒，宜无子者二。爱为生生之本，忍为不育之根，余矜惜名节，常不能舍己救人，宜无子者三。多言耗气，宜无子者四。喜饮铄精，宜无子者五。好彻夜长坐，而不知葆元毓神，宜无子者六。其余过恶尚多，不能悉数。"

云谷曰："岂惟科第哉？世间享千金之产者，定是千金人物；享百金之产者，定是百金人物；应饿死者，定是饿死人物。天不过因材而笃，几曾加纤毫意思。即如生子，有百世之德者，定有百世子孙保之；有十世之德者，定有十世子孙保之；有三世二世之德者，定有三世二世子孙保之。其斩焉无后者，德至薄也。汝今既知非，将向来不发科第，及不生子之相，尽情改刷。务要积德，务要包荒，务要和爱，务要惜精神。从前种种譬如昨日死，从后种种譬如今日生，此义理再生之身也。夫血肉之身，尚然有数，义理之身，岂不能格天！太甲曰：'天作孽，犹可违；自作孽，不可活。'诗云：'永言配命，自求多福。'孔先生算汝不登科第,不生子者,此天作之孽也,犹可得而违者。汝今扩充德性,力行善事,多积阴德,此自己所作之福也,安得而不受享乎?《易》为君子谋,趋吉避凶,若言天命有常,吉何可趋,凶何可避?开章第一义,便说:'积善之家,必有余庆。'汝信得及否?"

余信其言,拜而受教。因将往日之罪,佛前尽情发露,为疏一通。先求登科,誓行善事三千条,以报天地祖宗之德。云谷出功过格示余,令所行之事,逐日登记,善则记数,恶则退除,且教持准提咒,以期必验。

语余曰:"符箓家有云,不会书符,被鬼神笑。此有秘传,只是不动念也。执笔书符,先把万缘放下,一尘不起,从此念头不动处,下一点,谓之混沌开基,由此而一笔挥成,更无思虑,此符便灵。凡祈天立命,都要从无思无虑处感格。孟子论立命之学,而曰夭寿不二,夫夭与寿,至二者也。当其不动念时,孰为夭,孰为寿?细分之,丰歉不二,然后可立贫富之命;穷通不二,然后可立贵贱之命;夭寿不二,然后可立生死之命。人生世间,惟死生为重。"

曰:"'夭寿',则一切顺逆皆该之矣。至修身以俟之,乃积德祈天之事。"

曰:"'修',则身有过恶,皆当治而去之。"

曰:"'俟',则一毫觊觎,一毫将迎,皆当斩绝之矣。到此地位,直造先天之境,即此便是实学。"

"汝未能无心,但能持准提咒,无记无数,不令间断。持得纯熟,于持中不持,于不持中持,到得念头不动,则灵验矣。"

余初号学海,是日改了凡。盖悟立命之说,而不欲落凡夫窠臼也。从此而后,终日兢兢,便觉与前不同,前日只是悠悠放任,到此自有战兢惕厉景象。在暗室屋漏中,常恐得罪天地鬼神,遇人憎我毁我,自能恬然容受。

到明年,礼部考科举。孔先生算该第三,忽考第一,其言不验。而秋闱中式矣。

然行义未纯,检身多误,或见善而行之不勇,或救人而心常自疑,或身勉为善而口有过言,或醒时操持而醉后放逸,以过折功,日常虚度。

自己巳岁发愿,直至己卯岁,历十余年,而三千善行始完。

时方从李渐庵入关,未及回向,庚辰南还,始请性空、慧空诸上人,就东塔禅堂回向。

遂起求子愿,亦许行三千善事。辛巳生男天启。

余行一事,随以笔记。汝母不能书,每行一事,辄用鹅毛管,印一朱圈于历日之上。或施食贫人,或买放生命,一日有多至十余圈者。

至癸未八月,三千之数已满,复请性空辈,就家庭回向。九月十三日,复起求中进士愿,许行善事一万条,丙戌登第,授宝坻知县。

余置空格一册,名曰《治心编》。晨起坐堂,家人携付门役,置案上,所行善恶,纤悉必记。夜则设桌于庭,效赵阅道焚香告帝。

汝母见所行不多,辄颦蹙曰:"我前在家,相助为善,故三千之数得完。今许一万,衙中无事可行,何时得圆满乎？"

夜间偶梦见一神人，余言善事难完之故。神曰："只减粮一节，万行俱完矣。"

盖宝坻之田，每亩二分三厘七毫，余为区处，减至一分四厘六毫，委有此事，心颇惊疑。

适幻余禅师自五台来，余以梦告之，且问此事宜信否。师曰："善心真切，即一行可当万善，况合县减粮，万民受福乎？"

吾即捐俸银，请其就五台山斋僧一万而回向之。

孔公算余五十三岁有厄。余未尝祈寿，是岁竟无恙，今六十九矣。《书》曰："天难谌，命靡常。"又云："惟命不于常。"皆非诳语。

吾于是而知凡称祸福自己求之者，乃圣贤之言。若谓祸福惟天所命，则世俗之论矣。

汝之命未知若何，即命当荣显，常作落寞想；即时当顺利，常作拂逆想；即眼前足食，常作贫窭想；即人相爱敬，常作恐惧想；即家世望重，常作卑下想；即学问颇优，常作浅陋想。远思扬祖宗之德，近思盖父母之愆；上思报国之恩，下思造家之福；外思济人之急，内思闲己之邪。

务要日日知非，日日改过。一日不知非，即一日安于自是；一日无过可改，即一日无步可进。

天下聪明俊秀不少，所以德不加修，业不加广者，只为因循二字，耽阁一生。

云谷禅师所授立命之说，乃至精至邃至真至正之理，其熟玩而勉行之，毋自旷也。

春秋诸大夫，见人言动，忆而谈其祸福，靡不验者，左国诸记可观也。

　　大都吉凶之兆，萌乎心而动乎四体。其过于厚者常获福，过于薄者常近祸，俗眼多翳，谓有未定而不可测者。

　　至诚合天，福之将至，观其善而必先知之矣；祸之将至，观其不善而必先知之矣。

　　今欲获福而远祸，未论行善，先须改过。但改过者，第一，要发耻心。

　　思古之圣贤，与我同为丈夫，彼何以百世可师，我何以一身瓦裂？耽染尘情，私行不义，谓人不知，傲然无愧，将日沦于禽兽而不自知矣。世之可羞可耻者，莫大乎此。

　　孟子曰："耻之于人大矣。"以其得之则圣贤，失之则禽兽耳，此改过之要机也。

　　第二，要发畏心。天地在上，鬼神难欺。

　　吾虽过在隐微，而天地鬼神，实鉴临之。重则降之百殃，轻则损其现福，吾何可以不惧？不惟是也。闲居之地，指视昭然，吾虽掩之甚密，文之甚巧，而肺肝早露，终难自欺，被人觑破，不值一文矣，乌得不懔懔？不惟是也。一息尚存，弥天之恶，犹可悔改。

　　古人有一生作恶，临死悔悟，发一善念，遂得善终者。

　　谓一念猛厉，足以涤百年之恶也。譬如千年幽谷，一灯才照，则千年之暗俱除。故过不论久近，惟以改为贵。

　　但尘世无常，肉身易殒，一息不属，欲改无由矣。

明则千百年担负恶名，虽孝子慈孙，不能洗涤；幽则千百劫沉沦狱报，虽圣贤佛菩萨，不能援引。乌得不畏？

第三，须发勇心。

人不改过，多是因循退缩，吾须奋然振作，不用迟疑，不烦等待。小者如芒刺在肉，速与抉剔；大者如毒蛇啮指，速与斩除，无丝毫凝滞，此风雷之所以为益也。

具是三心，则有过斯改，如春冰遇日，何患不消乎？

然人之过，有从事上改者，有从理上改者，有从心上改者，工夫不同，效验亦异。如前日杀生，今戒不杀，前日怒骂，今戒不怒，此就其事而改之者也。

强制于外，其难百倍，且病根终在，东灭西生，非究竟廓然之道也。

善改过者，未禁其事，先明其理。如过在杀生，即思曰：上帝好生，物皆恋命，杀彼养己，岂能自安？且彼之杀也，既受屠割，复入鼎镬，种种痛苦，彻入骨髓。己之养也，珍膏罗列，食过即空，疏食菜羹，尽可充腹，何必戕彼之生，损己之福哉？

又思血气之属，皆含灵知，既有灵知，皆我一体。纵不能躬修至德，使之尊我亲我，岂可日戕物命，使之仇我憾我于无穷也？一思及此，将有对食伤心，不能下咽者矣。

如前日好怒，必思曰：人有不及，情所宜矜，悖理相干，于我何与？本无可怒者。

又思天下无自是之豪杰，亦无尤人之学问。行有不得，皆己之德未修，感未至也。吾悉以自反，则谤毁之来，皆磨炼玉成之地，我将欢然受赐，何怒之有？

又闻谤而不怒，虽谗焰熏天，如举火焚空，终将自息；闻谤而怒，虽巧心力辩，如春蚕作茧，自取缠绵，怒不惟无益，且有害也。

其余种种过恶，皆当据理思之，此理既明，过将自止。

何谓从心而改？过有千端，惟心所造，吾心不动，过安从生？

学者于好色好名好货好怒种种诸过，不必逐类寻求。但当一心为善，正念现前，邪念自然污染不上。如太阳当空，魍魉潜消，此精一之真传也。

过由心造，亦由心改，如斩毒树，直断其根，奚必枝枝而伐，叶叶而摘哉？

大抵最上者治心，当下清净。才动即觉，觉之即无。苟未能然，须明理以遣之。又未能然，须随事以禁之。以上事而兼行下功，未为失策，执下而昧上，则拙矣。

顾发愿改过，明须良朋提醒，幽须鬼神证明。一心忏悔，昼夜不懈，经一七、二七，以至一月、二月、三月，必有效验。或觉心神恬旷，或觉智慧顿开，或处冗沓而触念皆通，或遇怨仇而回嗔作喜，或梦吐黑物，或梦往圣先贤，提携接引，或梦飞步太虚，或梦幢幡宝盖，种种胜事，皆过消罪灭之象也。然不得执此自高，画而不进。

昔蘧伯玉当二十岁时,已觉前日之非,而尽改之矣,至二十一岁,乃知前之所改未尽也。及二十二岁,回视二十一岁,犹在梦中。岁复一岁,递递改之。行年五十,而犹知四十九年之非。古人改过之学如此。

吾辈身为凡流,过恶猬集,而回思往事,常若不见其有过者,心粗而眼翳也。

然人之过恶深重者,亦有效验,或心神昏塞,转头即忘,或无事而常烦恼,或见君子而赧然消沮,或闻正论而不乐,或施惠而人反怨,或夜梦颠倒,甚则妄言失志,皆作孽之相也。苟一类此,即须奋发,舍旧图新,幸勿自误。

《易》曰:"积善之家,必有余庆。"昔颜氏将以女妻叔梁纥,而历叙其祖宗积德之长,逆知其子孙必有兴者。

孔子称舜之大孝,曰:"宗庙飨之,子孙保之。"皆至论也。试以往事徵之。

杨少师荣,建宁人,世以济渡为生。久雨溪涨,横流冲毁民居,溺死者顺流而下,他舟皆捞取货物,独少师曾祖及祖,惟救人,而货物一无所取,乡人嗤其愚。逮少师父生,家渐裕,有神人化为道者,语之曰:"汝祖父有阴功,子孙当贵显,宜葬某地。"遂依其所指而窆之,即今白兔坟也。后生少师,弱冠登第,位至三公,加曾祖祖父如其官,子孙贵盛,至今尚多贤者。

鄞人杨自惩,初为县吏,存心仁厚,守法公平。时县宰严肃,偶挞一囚,血流满前,而怒犹未息,杨跪而宽解之。宰曰："怎奈此人越法悖理，不由人不怒。"自惩叩首曰："上失其道，民散久矣！如得其情，哀矜勿喜；喜且不可，而况怒乎？"宰为之霁颜。家甚贫，馈遗一无所取，遇囚人乏粮，常多方以济之。一日，有新囚数人待哺，家又缺米，给囚，则家人无食；自顾，则囚人堪悯。与其妇商之，妇曰："囚从何来？"曰："自杭而来，沿路忍饥，菜色可掬。"因撤己之米，煮粥以食囚。后生二子，长曰守陈，次曰守址，为南北吏部侍郎，长孙为刑部侍郎，次孙为四川廉宪，又俱为名臣。今楚亭德政，亦其裔也。

昔正统间，邓茂七倡乱于福建，士民从贼者甚众。朝廷起鄞县张都宪楷南征，以计擒贼，后委布政司谢都事，搜杀东路贼党。谢求贼中党附册籍，凡不附贼者，密授以白布小旗，约兵至日，插旗门首，戒军兵无妄杀，全活万人。后谢之子迁，中状元，为宰辅，孙丕，复中探花。

莆田林氏，先世有老母好善，常作粉团施人，求取即与之，无倦色。一仙化为道人，每旦索食六七团，母日日与之，终三年如一日，乃知其诚也。因谓之曰："吾食汝三年粉团，何以报汝？府后有一地，葬之，子孙官爵，有一升麻子之数。"其子依所点葬之。初世即有九人登第，累代簪缨甚盛，福建有无林不开榜之谣。

冯琢庵太史之父，为邑庠生。隆冬早起赴学，路遇一人，倒卧雪中，扪之，半僵矣。遂解己绵裘衣之，且扶归救苏。梦神告之曰："汝救人一命，出至诚心，吾遣韩琦为汝子。"及生琢庵，遂名琦。

台州应尚书，壮年习业于山中。夜鬼啸集，往往惊人，公不惧也。一夕闻鬼云："某妇以夫久客不归，翁姑逼其嫁人，明夜当缢死于此，吾得代矣。"

公潜卖田，得银四两，即伪作其夫之书，寄银还家。其父母见书，以手迹不类，疑之，既而曰："书可假，银不可假，想儿无恙。"妇遂不嫁。其子后归，夫妇相保如初。

公又闻鬼语曰："我当得代，奈此秀才坏吾事。"旁一鬼曰："尔何不祸之？"曰："上帝以此人心好，命作阴德尚书矣，吾何得而祸之？"

应公因此益自努力，善日加修，德日加厚。遇岁饥，辄捐谷以赈之；遇亲戚有急，辄委曲维持；遇有横逆，辄反躬自责，怡然顺受。子孙登科第者，今累累也。

常熟徐凤竹栻，其父素富。偶遇年荒，先捐租以为同邑之倡，又分谷以赈贫乏。夜闻鬼唱于门曰："千不诓，万不诓，徐家秀才做到了举人郎。"相续而呼，连夜不断。是岁，凤竹果举于乡。

其父因而益积德，孳孳不怠。修桥修路，斋僧接众，凡有利益，无不尽心。后又闻鬼唱于门曰："千不诓，万不诓，徐家举人直做到都堂。"凤竹官终两浙巡抚。

嘉兴屠康僖公，初为刑部主事。宿狱中，细询诸囚情状，得无辜者若干人，公不自以为功，密疏其事，以白堂官。后朝审，堂官摘其语，以讯诸囚，无不服者，释冤抑十余人，一时辇下咸颂尚书之明。

公复禀曰："辇毂之下，尚多冤民，四海之广，兆民之众，岂无枉者？宜五年差一减刑官，核实而平反之。"尚书为奏，允其议，时公亦差减刑之列。梦一神告之曰："汝命无子，今减刑之议，深合天心，上帝赐汝三子，皆衣紫腰金。"是夕夫人有娠，后生应埙、应坤、应埈，皆显官。

嘉兴包凭，字信之。其父为池阳太守，生七子，凭最少，赘平湖袁氏，与吾父往来甚厚，博学高才，累举不第，留心二氏之学。

一日东游泖湖，偶至一村寺中，见观音像，淋漓露立，即解囊中十金，授主僧，令修屋宇，僧告以功大银少，不能竣事。复取松布四疋，检箧中衣七件与之，内纻褶，系新置，其仆请已之，凭曰："但得圣像无恙，吾虽裸裎何伤？"

僧垂泪曰："舍银及衣布，犹非难事。只此一点心，如何易得！"后功完，拉老父同游，宿寺中，公梦伽蓝来谢，曰："汝子当享世禄矣。"后子汴，孙柽芳，皆登第，作显官。

嘉善支立之父，为刑房吏，有囚无辜陷重辟。意哀之，欲求其生。囚语其妻曰："支公嘉意，愧无以报。明日延之下乡，汝以身事之，彼或肯用意，则我可生也。"

其妻泣而听命。及至，妻自出劝酒，具告以夫意，支不听，卒为尽力平反之。囚出狱，夫妻登门叩谢曰："公如此厚德，晚世所稀，今无子，吾有弱女，送为箕帚妾，此则礼之可通者。"

支为备礼而纳之，生立，弱冠中魁，官至翰林孔目。立生高，高生禄，皆贡为学博。禄生大纶，登第。

凡此十条，所行不同，同归于善而已。

若复精而言之，则善有真有假，有端有曲，有阴有阳，有是有非，有偏有正，有半有满，有大有小，有难有易，皆当深辨。为善而不穷理，则自谓行持，岂知造孽，枉费苦心，无益也。

何谓真假？昔有儒生数辈，谒中峰和尚。问曰："佛氏论善恶报应，如影随形，今某人善，而子孙不兴；某人恶，而家门隆盛，佛说无稽矣。"中峰云："凡情未涤，正眼未开，认善为恶，指恶为善，往往有之。不憾己之是非颠倒，而反怨天之报应有差乎？"

众曰："善恶何致相反？"中峰令试言其状。一人谓："詈人殴人是恶，敬人礼人是善。"中峰云："未必然也。"一人谓："贪财妄取是恶，廉洁有守是善。"中峰云："未必然也。"众人历言其状，中峰皆谓不然。因请问，中峰告之曰："有益于人是善，有益于己是恶。有益于人，则殴人詈人皆善也；有益于己，则敬人礼人皆恶也。"

是故人之行善，利人者公，公则为真；利己者私，私则为假。又根心者真，袭迹者假；又无为而为者真，有为而为者假，皆当自考。

何谓端曲？今人见谨愿之士，类称为善而取之。圣人则宁取狂狷，至于谨愿之士，虽一乡皆好，而必以为德之贼，是世人之善恶，分明与圣人相反。推此一端，种种取舍，无有不谬。天地鬼神之福善祸淫，皆与圣人同是非，而不与世俗同取舍。

凡欲积善，决不可徇耳目，惟从心源隐微处，默默洗涤。纯是济世之心则为端，苟有一毫媚世之心即为曲；纯是爱人之心则为端，有一毫愤世之心即为曲；纯是敬人之心则为端，有一毫玩世之心即为曲。皆当细辨。

何谓阴阳？凡为善而人知之，则为阳善；为善而人不知，则为阴德。阴德天报之，阳善享世名。名，亦福也。名者造物所忌，世之享盛名而实不副者，多有奇祸。人之无过咎而横被恶名者，子孙往往骤发，阴阳之际微矣哉！

何谓是非？鲁国之法。鲁人有赎人臣妾于诸侯，皆受金于府，子贡赎人而不受金。孔子闻而恶之。曰："赐失之矣！夫圣人举事，可以移风易俗，而教道可施于百姓，非独适己之行也。今鲁国富者寡而贫者众，受金则为不廉，何以相赎乎？自今以后，不复赎人于诸侯矣。"子路拯人于溺，其人谢之以牛，子路受之。孔子喜曰："自今鲁国，多拯人于溺矣。"

自俗眼观之，子贡不受金为优，子路之受牛为劣，孔子则取由而黜赐焉。乃知人之为善，不论现行，而论流弊；不论一时，而论久远；不论一身，而论天下。现行虽善，而其流足以害人，则似善而实非也。现行虽不善，而其流足以济人，则非善而实是也。然此就一节论之耳，他如非义之义，非礼之礼，非信之信，非慈之慈，皆当决择。

何谓偏正？昔吕文懿公初辞相位，归故里，海内仰之，如泰山北斗。有一乡人，醉而詈之，吕公不动，谓其仆曰："醉者勿与较也。"闭门谢之。逾年，其人犯死刑入狱，吕公始悔之曰："使当时稍与计较，送公家责治，可以小惩而大戒。吾当时只欲存心于厚，不谓养成其恶,以至于此。"此以善心而行恶事者也。

又有以恶心而行善事者,如某家大富,值岁荒,穷民白昼抢粟于市,告之县,县不理,穷民愈肆,遂私执而困辱之,众始定,不然几乱矣。

故善者为正,恶者为偏,人皆知之。其以善心而行恶事者,正中偏也;以恶心而行善事者,偏中正也。不可不知也。

何谓半满?《易》曰:"善不积,不足以成名;恶不积,不足以灭身。"《书》曰:"商罪贯盈。"如贮物于器,勤而积之,则满;懈而不积,则不满,此一说也。

昔有某氏女入寺,欲施而无财,止有钱二文,捐而与之,主席者亲为忏悔,及后入宫富贵,携数千金入寺舍之,主僧惟令其徒回向而已。因问曰:"吾前施钱二文,师亲为忏悔,今施数千金,而师不回向,何也?"曰:"前者物虽薄,而施心甚真,非老僧亲忏,不足报德。今物虽厚,而施心不若前日之切,令人代忏足矣。"此千金为半,而二文为满也。

钟离授丹于吕祖,点铁为金,可以济世。吕问曰:"终变否?"曰:"五百年后,当复本质。"吕曰:"如此,则害五百年后人矣,吾不愿为也。"曰:"修仙要积三千功行,汝此一言,三千功行已满矣。"此又一说也。

又为善而心不着善,则随所成就,皆得圆满;心着于善,虽终身勤励,止于半善而已。譬如以财济人,内不见己,外不见人,中不见所施之物,是谓三轮体空,是谓一心清净,则斗粟可以种无涯之福,一文可以消千劫之罪。倘此心未忘,虽黄金万镒,福不满也。此又一说也。

何谓大小?昔卫仲达为馆职,被摄至冥司,主者命吏呈善恶二录,比至,则恶录盈庭,其善录一轴,仅如箸而已。索秤称之,则盈庭者反轻,而如箸者反重。仲达曰:"某年未四十,安得过恶如是多乎?"曰:"一念不正即是,不待犯也。"因问轴中所书何事,曰:"朝廷尝兴大工,修三山石桥,君上疏谏之,此疏稿也。"仲达曰:"某虽言,朝廷不从,于事无补,而能有如是之力。"曰:"朝廷虽不从,君之一念,已在万民,向使听从,善力更大矣。"故志在天下国家,则善虽少而大;苟在一身,虽多亦小。

何谓难易?先儒谓克己须从难克处克将去,夫子论为仁,亦曰先难。必如江西舒翁,舍二年仅得之束修,代偿官银,而全人夫妇。与邯郸张翁,舍十年所积之钱,代完赎银,而活人妻子。皆所谓难舍处能舍也。

如镇江靳翁,虽年老无子,不忍以幼女为妾,而还之邻,此难忍处能忍也。故天降之福亦厚。

凡有财有势者,其立德皆易,易而不为,是为自暴;贫贱作福皆难,难而能为,斯可贵耳。

随缘济众,其类至繁,约言其纲,大约有十:第一与人为善,第二爱敬存心,第三成人之美,第四劝人为善,第五救人危急,第六兴建大利,第七舍财作福,第八护持正法,第九敬重尊长,第十爱惜物命。

何谓与人为善?昔舜在雷泽,见渔者,皆取深潭厚泽，而老弱则渔于急流浅滩之中，恻然哀之。往而渔焉，见争者，皆匿其过而不谈；见有让者，则揄扬而取法之。期年，皆以深潭厚泽相让矣。

夫以舜之明哲，岂不能出一言教众人哉？乃不以言教，而以身转之，此良工苦心也。

吾辈处末世，勿以己之长而盖人，勿以己之善而形人，勿以己之多能而困人。收敛才智，若无若虚，见人过失，且涵容而掩覆之。一则令其可改，一则令其有所顾忌而不敢纵。见人有微长可取，小善可录，翻然舍己而从之，且为艳称而广述之。

凡日用间，发一言，行一事，全不为自己起念，全是为物立则，此大人天下为公之度也。

何谓爱敬存心？君子与小人，就形迹观，常易相混，惟一点存心处，则善恶悬绝，判然如黑白之相反。故曰："君子所以异于人者，以其存心也。"

君子所存之心，只是爱人敬人之心。盖人有亲疏贵贱，有智愚贤不肖，万品不齐，皆吾同胞，皆吾一体，孰非当敬爱者？爱敬众人，即是爱敬圣贤；能通众人之志，即是通圣贤之志。何者？圣贤之志，本欲斯世斯人，各得其所，吾合爱合敬，而安一世之人，即是为圣贤而安之也。

何谓成人之美？玉之在石，抵掷则瓦砾，追琢则圭璋。故凡见人行一善事，或其人志可取而资可进，皆须诱掖而成就之。或为之奖借，或为之维持，或为白其诬而分其谤，务使之成立而后已。

大抵人各恶其非类。乡人之善者少，不善者多，善人在俗，亦难自立。

且豪杰铮铮，不甚修形迹，多易指摘，故善事常易败，而善人常得谤，惟仁人长者，匡直而辅翼之，其功德最宏。

　　何谓劝人为善？生为人类，孰无良心？世路役役，最易没溺。凡与人相处，当方便提撕，开其迷惑，譬犹长夜大梦，而令之一觉；譬犹久陷烦恼，而拔之清凉，为惠最溥。韩愈云："一时劝人以口，百世劝人以书。"

　　较之与人为善，虽有形迹，然对症发药，时有奇效，不可废也。失言失人，当反吾智。

　　何谓救人危急？患难颠沛，人所时有，偶一遇之，当如疴痒在身，速为解救。或以一言伸其屈抑，或以多方济其颠连。崔子曰："惠不在大，赴人之急可也。"盖仁人之言哉。

　　何谓兴建大利？小而一乡之内，大而一邑之中，凡有利益，最宜兴建。或开渠导水，或筑堤防患，或修桥梁以便行旅，或施茶饭以济饥渴。随缘劝导，协力兴修，勿避嫌疑，勿辞劳怨。

　　何谓舍财作福？释门万行，以布施为先。所谓布施者，只是舍之一字耳。达者内舍六根，外舍六尘。

　　一切所有，无不舍者，苟非能然，先从财上布施。世人以衣食为命，故财为最重，吾从而舍之。内以破吾之悭，外以济人之急，始而勉强，终则泰然，最可以荡涤私情，祛除执吝。

　　何谓护持正法？法者，万世生灵之眼目也。不有正法，何以参赞天地？何以裁成万物？何以脱尘离缚？何以经世出世？故凡见圣贤庙貌，经书典籍，皆当敬重而修饬之。

至于举扬正法，上报佛恩，尤当勉励。

何谓敬重尊长？家之父兄，国之君长，与凡年高德高位高识高者，皆当加意奉事。在家而奉侍父母，使深爱婉容，柔声下气，习以成性，便是和气格天之本。

出而事君，行一事，毋谓君不知而自恣也；刑一人，毋谓君不知而作威也。事君如天，古人格论，此等处，最关阴德。试看忠孝之家，子孙未有不绵远而昌盛者，切须慎之。

何谓爱惜物命？凡人之所以为人者，惟此恻隐之心而已，求仁者求此，积德者积此。

周礼，孟春之月，牺牲毋用牝。孟子谓君子远庖厨，所以全吾恻隐之心也。

故前辈有四不食之戒，谓闻杀不食，见杀不食，自养者不食，专为我杀者不食。学者未能断肉，且当从此戒之。

渐渐增进，慈心愈长，不特杀生当戒。蠢动含灵，皆为物命。求丝煮茧，锄地杀虫，念衣食之由来，皆杀彼以自活，故暴殄之孽，当与杀生等。

至于手所误伤，足所误践者，不知其几，皆当委曲防之。古诗云："爱鼠常留饭，怜蛾不点灯。"何其仁也！

善行无穷，不能殚述，由此十事，而推广之，则万德可备矣。

《易》曰："天道亏盈而益谦，地道变盈而流谦，鬼神害盈而福谦，人道恶盈而好谦。"是故谦之一卦，六爻皆吉。

《书》曰:"满招损,谦受益。"

余屡同诸公应试,每见寒士将达,必有一段谦光可掬。

辛未计偕,我嘉善同袍,几十人,惟丁敬宇宾,年最少,极其谦虚。余告费锦坡曰:"此兄今年必第。"费曰:"何以见之?"余曰:"惟谦受福,兄看十人中,有恂恂款款,不敢先人,如敬宇者乎?有恭敬顺承,小心谦畏,如敬宇者乎?有受侮不答,闻谤不辩,如敬宇者乎?人能如此,即天地鬼神,犹将佑之,岂有不发者?"及开榜,丁果中式。

丁丑在京,与冯开之同处,见其虚己敛容,大变其幼年之习。李霁岩,直谅益友,时面攻其非,但见其平怀顺受,未尝有一言相报。余告之曰:"福有福始,祸有祸先,此心果谦,天必相之,兄今年决第矣。"已而果然。

赵裕峰光远,山东冠县人,童年举于乡,久不第。其父为嘉善三尹,随之任。慕钱明吾,而执文见之,明吾悉抹其文,赵不惟不怒,且心服而速改焉。明年,遂登第。

壬辰岁,余入觐,晤夏建所,见其人气虚意下,谦光逼人。归而告友人曰:"凡天将发斯人也,未发其福,先发其慧。此慧一发,则浮者自实,肆者自敛。建所温良若此,天启之矣。"及开榜,果中式。

江阴张畏岩,积学工文,有声艺林。甲午,南京乡试,寓一寺中,揭晓无名,大骂试官,以为眛目。时有一道者,在傍微笑,张遽移怒道者。

道者曰:"相公文必不佳。"

张益怒曰:"汝不见我文,乌知不佳?"

道者曰:"闻作文,贵心气和平,今听公骂詈,不平甚矣,文安得工?"

张不觉屈服,因就而请教焉。

道者曰:"中全要命,命不该中,文虽工,无益也。须自己做个转变。"

张曰:"既是命,如何转变?"

道者曰:"造命者天,立命者我,力行善事,广积阴德,何福不可求哉?"

张曰:"我贫士,何能为?"

道者曰:"善事阴功,皆由心造,常存此心,功德无量。且如谦虚一节,并不费钱,你如何不自反,而骂试官乎?"

张由此折节自持,善日加修,德日加厚。丁酉,梦至一高房,得试录一册,中多缺行。问旁人,曰:"此今科试录。"问:"何多缺名?"曰:"科第阴间三年一考较,须积德无咎者,方有名。如前所缺,皆系旧该中式,因新有薄行而去之者也。"后指一行云:"汝三年来,持身颇慎,或当补此,幸自爱。"是科果中一百五名。

由此观之,举头三尺,决有神明。趋吉避凶,断然由我,须使我存心制行,毫不得罪于天地鬼神。

而虚心屈己,使天地鬼神,时时怜我,方有受福之基。彼气盈者,必非远器,纵发亦无受用。

稍有识见之士,必不忍自狭其量,而自拒其福也。况谦则受教有地,而取善无穷。尤修业者,所必不可少者也。

　　古语云："有志于功名者，必得功名；有志于富贵者，必得富贵。"人之有志，如树之有根，立定此志，须念念谦虚，尘尘方便，自然感动天地。

　　而造福由我，今之求登科第者，初未尝有真志，不过一时意兴耳，兴到则求，兴阑则止。孟子曰："王之好乐甚，齐其庶几乎？"余于科名亦然。

图书在版编目（CIP）数据

了凡四训浅释 /（明）袁了凡著；净空法师浅释. —北京：北京联合出版公司，2015.7（2023.8重印）

ISBN 978-7-5502-3922-7

Ⅰ.①了… Ⅱ.①袁… ②净… Ⅲ.①家庭道德－中国－明代②《了凡四训》－注释 Ⅳ.①B823.1

中国版本图书馆CIP数据核字（2015）第143684号

了凡四训浅释

作　　者：（明）袁了凡
浅　　释：净空法师
出 品 人：赵红仕
选题策划：梁明德　邵鹏军
责任编辑：王　巍
特约编辑：刘文硕
封面设计：格林文化
版式设计：格林文化

北京联合出版公司出版
（北京市西城区德外大街83号楼9层　100088）
三河市延风印装有限公司　新华书店经销
字数150千字　960毫米×640毫米　1/16　印张19
2015年9月第1版　2023年8月第3次印刷
ISBN 978-7-5502-3922-7
定价：44.00元

版权所有，侵权必究
未经书面许可，不得以任何方式转载、复制、翻印本书部分或全部内容。
本书若有质量问题，请与本公司图书销售中心联系调换。电话：010-85376701

怀念翟墨

翟墨是我国独树一帜的美学家，他离开我们已经七年了。每当看到美术、美学、美育以至水墨、笔墨这样的字眼，我都会油然想起他。他长我十岁，生前见面时我都是称他老兄，他则叫我庆邦弟，我们两个有着兄弟般的情谊。

我认识翟墨是在上个世纪七十年代初期，那时他还没有使用翟墨这个笔名，发表作品时的署名是翟葆艺。其时他在郑州市委宣传部当新闻干事，我在郑州下属的新密矿务局宣传部也是当新闻干事，我们因上下级工作关系而认识。至于他写过哪些新闻作品，说来惭愧，我一篇都记不起了。而他在《河南日报》发表的一首诗，让我一下子记住了翟葆艺这个名字。那是一首写麦收的诗，其中两句恐怕我一辈子都不会忘记。诗句是："镰刀挥舞推浪去，草帽起伏荡舟来。"须知当时报纸上充斥的多是一些诸如斗争、批判、打倒、专政等生硬的东西，翟葆艺的诗从金色的大地取材，从火热的劳动生活中获得创作灵感，呈现的是图画般美丽动人的情景。在今天看来，这样的诗句也许算不上多么出类拔萃，但在"文化革命"的气候里，她就不大一般，显示的是难能可贵的艺术性质，并崭露出作者独立的审美趣味。

我很快就知道了，翟葆艺是毕业于郑州大学中文系的高材生，当过中学老师，晚报记者，业余时间一直在写诗。对于有文学才华的人，我似乎天生有一种辨识能力，不知不觉间就被对方的才华所吸引，愿意和"腹有诗书"的人接近，以表达我的敬意。除了欣赏翟葆艺的才华，我还注意到了他葆有一种与众不同的气质。什么样的气质呢？是羞涩的气质。几个人在一块儿闲谈，说笑话，话题或许跟他有关，或许与他一点儿关系都没有；有人或许看了他一眼，或许没看，几乎没什么来由，他的脸却一下子就红了。他的皮肤比较白净，加上他常年戴的是一副黑框眼镜，对比之下，他的脸红不但有些不可掩饰，反而显得更加突出。他也许不想让自己脸红，但这是血液的事，是骨子里的事，他自己也管不住自己。真的，我这样说对葆艺兄没有半点儿不恭，他羞涩的天性真像是一个女孩子啊！后来读到一些哲学家关于人性的论述我才明白了，因羞涩而脸红，关乎一个人的敏感、善良、自尊、爱心，以及丰富的内心世界和温柔的感情，这正是一个优秀艺术家的心灵性和气质性特征。

1978年，我和翟葆艺同一年到了北京，我是到一家杂志社当编辑，他是考进了中国艺术研究院美术系研究生部，在我国著名美学家王朝闻先生亲自指导下读研。在读研期间，我到研究院看望过他。我知道考研是一件难事，除了考专业课，还要考外语。我问他考的是什么外语，他说是日语。我又问他以前学过日语吗？他说没有，是临时自学的，因日语里有不少汉字，连学带蒙，就蒙了过去。他自谦地边说边笑，脸上又红了一阵。我心想，要是让我临时学外语，恐怕无论如何都难以过关。他在短时间内就能把一门外语拿下，其聪明程度可见一斑。

我们家在北京没有亲戚，就把葆艺家当成亲戚走。1989年春节，我带妻子到他家拜年，他送给我他所出的第一本署名翟墨的书，《美丑的纠缠与裂变》。读朋友的书，除了感到亲切，更容易从中学到东西。我自知艺术理论功底浅，这本书正是我所需要的。这是一本谈美说艺的短论结集，所论涉及文学、绘画、书法、音乐、戏剧等多个艺术门类。他的论述深入浅出，用比较简单的语言说明复杂的道理，用含情的笔墨探触理性的奥秘，读来让我很是受益。比如谈及书法之道时，他借用古人的理论，阐明初学者求的是平正，接着追求险绝，而后复归平正。"初谓未及，中则过之，后乃通会。"读到这样的论述，我联想到自己的小说创作，似乎正处在追求险绝的阶段，要达到"通会"的境界，尚需继续学习。

让人赞赏不已的，是翟墨的文论所使用的语言。我之所以在文章一开始就认定翟墨是"独树一帜的美学家"，在很大程度上，是因为他的语言有着独特的韵味。他的语言有写诗的功夫打底，是诗化的语言。他的文论是诗情与哲理的交融，读来如同一篇篇灵动飞扬、意味隽秀的散文诗，既可以得到心智的启迪，又可以得到艺术的享受。王朝闻先生在序言里对这部著作给予相当高的评价："翟墨在艺坛探索，所写出来的感受已经引起了一些读者的浓厚兴趣，这一现象也能表明艺术评论有写什么与如何写的自由。""他很重视诗化的理论形态，……这本集子里的文章，在内容与形式方面都是有个性的。"

翟墨早早加入了中国作家协会，在文学评论方面也有很深的造诣。1990年《当代作家评论》第五期，为我的小说创作发了一个评论小辑，小辑里发了五篇文章，四篇是评论家们写的评论，还有一篇是我自己写的创作谈。其中有一篇评论为翟墨所写，评论的题目是《向心灵的暗井掘进》。评论从我的《走窑汉》《家属房》《保镖》等几篇写矿工生活的小说文本出发，着重以小说对人性恶的挖掘为切入点，对小说进行了深入分析。分析认为:"人的本性中的邪恶一旦释放出来,在种种内在和外在原因的作用下,会像滚雪球一样越滚越大。差之毫厘而谬之千里。恶性循环使他们无法自我遏止。在他们进行了各式各样的丑恶表演之后,一个个落得害人害己的悲惨下场。"这样的分析高屋建瓴,鞭辟入里,着实让人诚服。

后来翟墨到我家找过我,对我说了他的处境,问我能否调到我所在的《中国煤炭报》工作。因他的妻子和孩子户口都不在北京,住房条件迟迟得不到改善。他希望通过工作调动,改善一下住房条件。我把他的想法跟报社的领导说了,领导认为他的学历太高了,职务上不好安排,等于回绝了他的要求。

翟墨去世时才68岁,他离开这个世界太早了!尽管他生前已出版了包括《艺术家的美学》《当代人体艺术探索》《吴冠中画论》等在内的18部著作,尽管他主编了70多部丛书,尽管他当上了《中国美术报》的副主编和博士生导师,我还是觉得他去世太早了。凭着他深厚的学养,勤劳的精神,高尚的人格,如果再活十年或二十年,他一定会取得更加丰硕的创作成果,赢得更广泛的影响。

我为翟墨兄感到惋惜,并深深怀念他!

2016年6月16日于北京和平里